新工科系列基础教材

人工智能导论

主 编 李如平 程 晨 吴房胜

U0294279

电子工业出版社
Publishing House of Electronics Industry
北京·BEIJING

内 容 简 介

本书主要内容包括绪论、知识工程、确定性和不确定性推理、搜索技术、机器学习、人工神经网络与深度学习、自然语言处理、多智能体系统及人工智能综合应用。

本书主要面向职业院校和应用型本科院校相关专业学生，帮助学生了解人工智能的发展过程与基本知识，熟悉人工智能产业的发展现状与市场需求，培养人工智能应用能力。

图书在版编目（CIP）数据

人工智能导论 / 李如平，程晨，吴房胜主编. —北京：电子工业出版社，2020.7
ISBN 978-7-121-36730-4

Ⅰ．①人…　Ⅱ．①李…　②程…　③吴…　Ⅲ．①人工智能－职业教育－教材　Ⅳ．①TP18

中国版本图书馆 CIP 数据核字（2019）第 106583 号

责任编辑：白　楠　　　　特约编辑：王　纲
印　　刷：北京盛通商印快线网络科技有限公司
装　　订：北京盛通商印快线网络科技有限公司
出版发行：电子工业出版社
　　　　　北京市海淀区万寿路 173 信箱　邮编：100036
开　　本：787×1092　1/16　印张：12.25　字数：313.6 千字
版　　次：2020 年 7 月第 1 版
印　　次：2023 年 8 月第 4 次印刷
定　　价：38.00 元

凡所购买电子工业出版社图书有缺损问题，请向购买书店调换。若书店售缺，请与本社发行部联系，联系及邮购电话：(010)88254888，88258888。

质量投诉请发邮件至 zlts@phei.com.cn，盗版侵权举报请发邮件至 dbqq@phei.com.cn。

本书咨询联系方式：（010）88254592，bain@phei.com.cn。

新工科系列基础教材编委会

主　任：程志友　　安徽大学互联网学院

副主任：王　勇　李　锐　李京文　杨辉军　章炳林　黄存东

成　员：（按姓氏笔画排序）

王　勇　　安徽工商职业学院信息工程学院

朱正国　　安徽城市管理职业学院信息学院

朱晓彦　　安徽工业经济职业技术学院计算机与艺术学院

孙　虎　　北京新大陆时代教育科技有限公司华东区

李　锐　　安徽交通职业技术学院城市轨道交通与信息工程系

李如平　　安徽工商职业学院信息工程学院

李京文　　安徽职业技术学院信息工程学院

杨辉军　　安徽国际商务职业学院信息工程学院

何　鲲　　安徽经济管理学院信息工程系

张成叔　　安徽财贸职业学院云桂信息学院

陈开兵　　滁州职业技术学院信息工程学院

夏克付　　安徽电子信息职业技术学院软件学院

徐　辉　　安徽国际商务职业学院信息工程学院

黄存东　　安徽国防科技职业学院信息学院

章炳林　　合肥职业技术学院信息工程与传媒学院

程志友　　安徽大学互联网学院

前　言

人工智能（Artificial Intelligence，简称 AI）正在全球迅速发展，已经影响了我们生活的方方面面。人工智能是研究、开发用于模拟、延伸和扩展人的智能的理论、方法、技术及应用系统的一门新的技术学科。人工智能经过 60 多年的演进，特别是在移动互联网、大数据、物联网、超级计算、脑科学等新理论、新技术及经济社会发展强烈需求的共同驱动下，人工智能加速发展，呈现出深度学习、跨界融合、人机协同、群智开放、自主操控等新特征。大数据驱动知识学习、跨媒体协同处理、人机协同增强智能、群体集成智能、自主智能系统成为人工智能的发展重点，受脑科学研究成果启发的类脑智能蓄势待发，芯片化、硬件化、平台化趋势更加明显，人工智能的发展进入新阶段。当前，新一代人工智能相关学科发展、理论建模、技术创新、软硬件升级等的整体推进，正在引发链式突破，推动经济社会各领域从数字化、网络化向智能化加速跃升。

人工智能成为国际竞争的新焦点。人工智能是引领未来的战略性技术，世界主要发达国家把发展人工智能作为提升国家竞争力、维护国家安全的重大战略，加紧出台规划和政策，围绕核心技术、顶尖人才、标准规范等强化部署，力图在新一轮国际科技竞争中掌握主导权。当前，我国国家安全和国际竞争形势更加复杂，必须放眼全球，把人工智能的发展放在国家战略层面系统布局、主动谋划，牢牢把握人工智能发展新阶段国际竞争的战略主动，打造竞争新优势、开拓发展新空间，有效保障国家安全。

人工智能带来社会建设的新机遇。我国正处于全面建成小康社会的决胜阶段，人口老龄化、资源环境约束等挑战依然严峻，人工智能在教育、医疗、养老、环境保护、城市运行、司法服务等领域广泛应用，将极大提高公共服务精准化水平，全面提升人民生活品质。人工智能技术可准确感知、预测、预警基础设施和社会安全运行的重大态势，及时把握群体认知及心理变化，主动决策反应，显著提高社会治理的能力和水平，对有效维护社会稳定具有不可替代的作用。

2017 年 7 月，我国国务院发布《新一代人工智能发展规划》，提出要建设人工智能学科：完善人工智能领域学科布局，设立人工智能专业，推动人工智能领域一级学科建设，尽快在试点院校建立人工智能学院；鼓励高校在原有基础上拓宽人工智能专业教育内容，形成"人工智能+X"复合专业培养新模式，重视人工智能与数学、计算机科学、物理学、生物学、心理学、社会学、法学等学科专业教育的交叉融合；加强产学研合作，鼓励高校、科研院所与企业等机构合作开展人工智能学科建设；同时利用人工智能技术加快推动人才培养模式、教学方法改革，构建包含智能学习、交互式学习的新型教育体系；开展智能校园建设，推动人工智能在教学、管理、资源建设等全流程的应用；开发立体综合教学场、基于大数据智能的在线学习教育平台；开发智能教育助理，建立智能、快速、全面的教育分析系统；建立以学习者为中心的教育环境，提供精准推送的教育服务，实现日常教育和终身教育定制化。

本书由李如平、程晨、吴房胜担任主编，由李肇明、张平、张倩、王小燕担任副主编，周成参与了编写。本书在编写过程中得到了北京新大陆时代教育科技有限公司孙虎的帮助和指导，以及省内外人工智能方面专家们的大力支持，在此表示感谢。

由于编者水平有限，书中有不妥之处，希望广大读者对本书提出宝贵意见，以便再版时改正。

编　者

目　　录

第 1 章 绪 论

人工智能近年来被炒得火热，但大部分人对人工智能仍然是一头雾水。究竟什么是人工智能？人工智能应用在什么地方？人工智能和人类智能有什么联系？人工智能是怎么发展的？下面我们对人工智能做一个概述。

1.1 人工智能的概念

在计算机出现之前，人们就幻想着有一种机器可以拥有人类的思维，可以帮助人们解决问题，甚至比人类有更高的智力。自从 20 世纪 40 年代计算机出现以来，这几十年中计算速度飞速提高，从最初的科学数学计算拓展到现代的各种计算机应用领域，诸如多媒体应用、计算机辅助设计、数据库、数据通信、自动控制等。人工智能是计算机科学的一个分支，是多年来计算机科学研究发展的结晶。

人工智能是基于计算机科学、生物学、心理学、神经学、数学和哲学等学科的科学和技术。人工智能的一个主要推动力是开发与人类智能相关的计算机功能，如推理、学习和解决问题的能力。人工智能（Artificial Intelligence，AI）是研究、开发用于模拟、延伸和扩展人的智能的理论、方法、技术及应用系统的一门新的技术科学。

研究人工智能是为了了解智能的实质，并生产出一种新的能以人类智能相似的方式做出反应的智能机器。该领域的研究包括机器人、语言识别、图像识别、自然语言处理和专家系统等。人工智能从诞生以来，理论和技术日益成熟，应用领域也不断扩大。可以设想，未来人工智能带来的科技产品将会是人类智慧的"容器"。人工智能可以对人的意识、思维的信息过程进行模拟。人工智能不是人的智能，但能像人那样思考，也可能超过人的智能。

人工智能是一门极富挑战性的科学，从事相关工作的人必须懂得计算机知识、心理学和哲学。人工智能是内容十分广泛的科学，包括机器学习、计算机视觉等。总的来说，人工智能研究的一个主要目标是使机器能够胜任一些通常需要人类智能才能完成的复杂工作。但不同的时代、不同的人对这种"复杂工作"的理解是不同的。

人工智能之父 John McCarthy 说："人工智能就是制造智能的机器，更特指制作人工智能的程序。"人工智能模仿人类的思考方式，使计算机能智能地思考问题。人工智能研究人类大脑的思考、学习和工作方式，然后将研究结果作为开发智能软件和系统的基础。

1.2 人工智能发展简史

1956 年夏季，以麦卡锡、明斯基、罗切斯特和香农等为首的一批有远见卓识的年轻科学家在一起聚会，共同研究和探讨用机器模拟智能的一系列有关问题，并首次提出了"人工智能"这一术语，它标志着"人工智能"这门新兴学科的正式诞生。IBM 公司"深蓝"（Deep Blue）计算机击败人类国际象棋世界冠军更是人工智能技术的一个完美表现。

从 1956 年正式提出人工智能算起，几十年来，人工智能取得了长足的发展，成为一门应用广泛的交叉和前沿科学。总的来说，人工智能的目的就是让计算机能够像人一样思考。如果希望制造出一台能够思考的机器，那就必须知道什么是思考，更进一步讲就是什么是智慧。什么样的机器才是智慧的呢？科学家已经制造出了汽车、火车、飞机、收音机等，它们模仿了我们某些身体器官的功能，但是能不能模仿人类大脑的功能呢？到目前为止，我们也仅仅知道人类的大脑是由数十亿个神经细胞组成的器官，我们对它知之甚少，模仿它或许是天下最困难的事情。

当计算机出现后，人类开始真正有了一个可以模拟人类思维的工具，在以后的岁月中，无数科学家为这个目标努力着。如今人工智能已经不再是几个科学家的专利了，全世界几乎所有大学的计算机专业都有人在研究它，学习计算机的大学生也必须学习相关课程。在大家不懈的努力下，如今计算机似乎已经变得十分聪明了。例如，1997 年 5 月，IBM 公司研制的"深蓝"计算机战胜了国际象棋大师卡斯帕罗夫（Kasparov）。大家或许不会注意到，在一些地方计算机正帮助人类进行那些原来只属于人类的工作，计算机以它的高速和准确为人类发挥着它的作用。

人工智能经历过以下发展阶段。

1940～1949 年：一些来自数学、心理学、工程学、经济学和政治学领域的科学家在一起讨论人工智能的可能性，当时已经研究出了人脑的工作原理是神经元电脉冲工作。

1950～1955 年：艾伦·图灵（Alan Turing）（图 1.1）在他的论文《计算机器与智能》（*Computing Machinery and Intelligence*）中提出了著名的图灵测试（Turing Test）。在图灵测试中，一位人类测试员会通过文字与密室里的一台机器和一个人自由对话。如果测试员无法分辨与之对话的两个实体谁是人、谁是机器，则参与对话的机器就被认为通过测试。虽然图灵测试的科学性受到过质疑，但是它在过去数十年一直被广泛认为是测试机器智能的重要标准，对人工智能的发展产生了极为深远的影响。

图 1.1 艾伦·图灵

艾伦·图灵（1912 年 6 月 23 日～1954 年 6 月 7 日）是英国数学家、逻辑学家，被称为计算机科学之父、人工智能之父。1931 年，图灵进入剑桥大学国王学院，毕业后到美国普林斯顿大学攻读博士学位，第二次世界大战爆发后回到剑桥，后曾协助军方破解德国的著名密码系统 Enigma，帮助盟军取得了二战的胜利。

1951 年夏天，当时普林斯顿大学数学系的一位 24 岁的研究生马文·明斯基（Marvin Minsky）建立了世界上第一个神经网络机器 SNARC（Stochastic Neural Analog Reinforcement Calculator）。在这个只有 40 个神经元的小网络里，人们第一次模拟了神经信号的传递。这项开创性的工作为人工智能奠定了坚实的基础。明斯基（图 1.2）由于他在人工智能领域的一系列奠基性的贡献，在 1969 年获得了计算机科学领域的最高奖——图灵奖（Turing Award）。

图 1.2 马文·明斯基

1956 年：达特茅斯会议召开，约翰·麦卡锡创造了"人工智能"一词，并且演示了卡耐基梅隆大学首个人工智能程序。

1957～1973 年：推理研究，主要使用推理算法，应用在棋类等游戏中。自然语言研究的目的是让计算机能够理解人类的语言。日本早稻田大学于 1967 年启动了 WABOT 项目，并于 1972 年完成了世界上第一个全尺寸智能人形机器人 WABOT-1。

1974～1979 年：由于当时的计算机技术限制，很多研究迟迟不能获得预期的结果，AI 处于研究低潮。

1980～1986 年：世界各地的企业采用了一种被称为"专家系统"的人工智能程序，知识表达系统成为主流人工智能研究的焦点。1981 年，日本政府通过其第五代计算机项目积极资助人工智能研究。1982 年，物理学家 John Hopfield 发明了一种神经网络，可以以全新的方式学习和处理信息。

1987～1992 年：第二次 AI 研究低潮。

1993～2010 年：出现了智能代理，它能感知周围环境，并能最大限度地提高成功概率。在这一时期，自然语言理解和翻译、数据挖掘、Web 爬虫获得了较大的发展。

1997 年，里程碑事件："深蓝"击败了当时的国际象棋世界冠军卡斯帕罗夫。2005 年，斯坦福大学的机器人在一条没有走过的沙漠小路上自动行驶了 131 英里。

2011 年至今：深度学习、大数据和强人工智能发展迅速。

1.3　人工智能的研究领域

人工智能涉及的知识领域很多，各个领域的思想和方法有许多可以互相借鉴的地方。随着人工智能理论研究的发展和成熟，人工智能的应用领域更为宽广，应用效果更为显著。从应用的角度看，人工智能的研究主要集中在以下几个方面。

1.3.1　专家系统

专家系统是一个具有大量专门知识与经验的程序系统。它应用人工智能技术，根据某个领域一个或多个人类专家提供的知识和经验进行推理和判断，模拟人类专家的决策过程，以解决那些需要专家决定的复杂问题。目前在许多领域，专家系统已取得显著效果。专家系统与传统计算机程序的本质区别在于，专家系统所要解决的问题一般没有算法解，并且经常要在不完全、不精确或不确定的信息基础上得出结论。它可以解决的问题一般包括解释、预测、诊断、设计、规划、监视、修理、指导和控制等。专家系统从体系结构上可分为集中式专家系统、分布式专家系统、协同式专家系统、神经网络专家系统等，从方法上可分为基于规则的专家系统、基于模型的专家系统、基于框架的专家系统等。

1.3.2　自然语言理解

自然语言理解是研究实现人类与计算机系统之间用自然语言进行有效通信的各种埋论和方法。由于目前计算机系统与人类之间的交互还只能使用严格限制的各种非自然语言，因此解决计算机系统能够理解自然语言的问题，一直是人工智能研究领域的重要研究课题之一。

实现人机间自然语言通信意味着计算机系统既能理解自然语言文本的意义，也能生成自然语言文本来表达给定的意图和思想等。而语言的理解和生成是一个极为复杂的解码和编码问题。一个能够理解自然语言的计算机系统看起来就像一个人一样，它需要有上下文知识和信息，并能用信息发生器进行推理。理解口头和书写语言的计算机系统的基础就是表示上下文知识结构的某些人工智能思想，以及根据这些知识进行推理的某些技术。

虽然在理解有限范围的自然语言对话和理解用自然语言表达的小段文章或故事方面的程序系统已有一定的进展，但要实现功能较强的理解系统仍十分困难。从目前的理论和技术情况看，它主要应用于机器翻译、自动文摘、全文检索等方面，而通用的和高质量的自然语言处理系统仍然是较长期的努力目标。

1.3.3　机器学习

机器学习是人工智能的一个核心研究领域，它是计算机具有智能的根本途径。学习是人类智能的主要标志和获取知识的基本手段。计算机领域著名科学家希尔伯特·西蒙认为："如果一个系统能够通过执行某种过程而改进它的性能，这就是学习。"

机器学习研究的主要目标是让机器自身具有获取知识的能力，使机器能够总结经验、修正错误、发现规律、改进性能，对环境具有更强的适应能力，通常要解决如下几方面的问题。

（1）选择训练经验。它包括如何选择训练经验的类型，如何控制训练样本序列，以及如何使训练样本的分布与未来测试样本的分布相似等问题。

（2）选择目标函数。所有的机器学习问题几乎都可简化为学习某个特定的目标函数的问题，因此，目标函数的学习、设计和选择是机器学习领域的关键问题。

（3）选择目标函数的表示。对于一个特定的应用问题，在确定了理想的目标函数后，接下来的任务是必须从很多（甚至是无数）种表示方法中选择一种最优或近似最优的表示方法。

目前，机器学习的研究还处于初级阶段，也是一个必须大力开展研究的阶段。只有机器学习的研究取得进展，人工智能和知识工程才会取得重大突破。

1.3.4　自动定理证明

自动定理证明，又叫机器定理证明，它是数学和计算机科学相结合的研究课题。数学定理的证明是人类思维中演绎推理能力的重要体现。演绎推理实质上是符号运算，因此原则上可以用机械化的方法来进行。数理逻辑的建立使自动定理证明的设想有了更明确的数学形式。1965 年，Robinson 提出了一阶谓词演算中的归结原理，这是自动定理证明的重大突破。1976 年，美国的 Appel 等三人利用高速计算机证明了124 年未能解决的"四色问题"，表明利用电子计算机有可能把人类思维领域中的演绎推理能力提升到前所未有的境界。我国数学家吴文俊在 1976 年年底开始研究可判定问题，即论证某类问题是否存在统一算法解。他在微型计算机上成功地设计了初等几何与初等微分几何中一大类问题的判定算法及相应的程序，其研究处于国际领先地位。后来，我国数学家张景中等人进一步推出了"可读性证明"的机器证明方法，再一次轰动了国际学术界。

自动定理证明的理论价值和应用范围并不局限于数学领域，许多非数学领域的任务，如医疗诊断、信息检索、规划制定和难题求解等，都可以转化成相应的定理证明问题，或者与定理证明有关的问题，所以自动定理证明的研究具有普遍意义。

1.3.5　自动程序设计

自动程序设计是指根据给定问题的原始描述，自动生成满足要求的程序。它是软件工程和人工智能相结合的研究课题。自动程序设计主要包含程序综合和程序验证两方面内容。前者实现自动编程，即用户只须告知机器"做什么"，无须告诉"怎么做"，后面的工作由机器自动完成；后者是程序的自动验证，自动完成正确性的检查。

目前，程序综合的基本途径主要是程序变换，即通过对给定的输入、输出条件进行逐步变换，构成所要求的程序；程序验证是利用一个已验证过的程序系统来自动证明某一给定程序 P 的正确性。假设程序 P 的输入是 x，它必须满足输入条件$\phi(x)$；程序的输出是 $z=P(x)$，它必须满足输出条件 $\Phi(x, z)$。判断程序的正确性有三种类型，即终止性、部分正确性和完全正确性。

目前，在自动程序设计方面已取得一些初步的进展，尤其是程序变换技术已引起计算机科学工作者的重视。现在国外已陆续出现一些实验性的程序变换系统，如英国爱丁堡大学的程序自动变换系统 POP-2 和德国默森技术大学的程序变换系统 CIP 等。

1.3.6　分布式人工智能

分布式人工智能是分布式计算与人工智能结合的产物。它主要研究在逻辑上或物理上分散的智能动作者如何协调其智能行为，求解单目标和多目标问题，为设计和建立大型复杂的智能系统或计算机协同工作提供有效途径。它所能解决的问题需要整体互动所产生的整体智能来解决。其主要研究内容有分布式问题求解（Distribution Problem Solving，DPS）和多智能体系统（Multi-Agent System，MAS）。

DPS 的方法是，先把问题分解成任务，再为之设计相应的任务执行系统。而 MAS 是由多个 Agent 组成的集合，通过 Agent 的交互来实现系统的表现。MAS 主要研究多个 Agent 为了联合采取行动或求解问题，如何协调各自的知识、目标、策略和规划。在表达实际系统时，MAS 通过各 Agent 间的通信、合作、互解、协调、调度、管理及控制来表达系统的结构、功能及行为特性。由于在同一个 MAS 中各 Agent 可以异构，因此 Multi-Agent 技术对于复杂系统具有无可比拟的表达力。它为各种实际系统提供了一种统一的模型，能够体现人类的社会智能，具有更大的灵活性和适应性，更适合开放和动态的世界环境，因而备受重视，相关研究已成为人工智能、计算机科学和控制科学与工程的研究热点。

1.3.7 机器人学

机器人学是机械结构学、传感技术和人工智能结合的产物。1948 年美国研制成功了第一代遥控机械手，17 年后第一台工业机器人诞生，从此相关研究不断取得进展。机器人的发展过程如下：第一代为程序控制机器人，它以"示教-再现"方式，一次又一次学习后进行再现，代替人类从事笨重、繁杂与重复的劳动；第二代为自适应机器人，它配备有相应的传感器，能获取作业环境的简单信息，允许操作对象的微小变化，对环境具有一定适应能力；第三代为分布式协同机器人，它装备了视觉、听觉、触觉等多种传感器，在多个平台上感知多维信息，并具有较高的灵敏度，能对环境信息进行精确感知和实时分析，协同控制自己的多种行为，具有一定的自学习、自主决策和判断能力，能处理环境发生的变化，能和其他机器人进行交互。

从功能上来考虑，机器人学的研究主要涉及两方面：一方面是模式识别，即给机器人配备视觉和触觉，使其能够识别空间景物的实体和阴影，甚至可以辨别出两幅图像的微小差别，从而实现模式识别的功能；另一方面是运动协调推理，机器人的运动协调推理是指外界的刺激驱动机器人行动的过程。

机器人学的研究促进了人工智能思想的发展，由此产生的一些技术可在人工智能研究中用来建立世界状态模型和描述世界状态变化的过程。

1.3.8 模式识别

模式识别研究的是计算机的模式识别系统，即用计算机代替人类或帮助人类感知模式。模式通常具有实体的形式，如声音、图片、图像、语言、文字、符号、物体和景象等，可以用物理、化学及生物传感器进行采集和测量。但模式所指的不是事物本身，而是从事物获得的信息，因此，模式往往表现为具有时间和空间分布的信息。人们在观察、认识事物和现象时，常常寻找它与其他事物和现象的相同与不同之处，根据使用目的进行分类、聚类和判断，人脑的这种思维能力就构成了模式识别的能力。

模式识别呈现多样性和多元化趋势，可以在不同的概念粒度上进行，其中生物特征识别成为了模式识别的新热点，包括语音识别、文字识别、图像识别、人物景象识别和手语识别等；人们还要求通过识别语种、乐种和方言来检索相关的语音信息，通过识别人种、性别和表情来检索所需要的人脸图像，通过识别指纹（掌纹）、人脸、签名、虹膜和行为姿态来识别身份。普遍利用小波变换、模糊聚类、遗传算法、贝叶斯理论和支持向量机等方法进行识别对象分割、特征提取、分类、聚类和模式匹配。模式识别是一个不断发展的新学科，它的理论基础和研究范围也在不断发展。

1.3.9 博弈

计算机博弈主要研究下棋程序。在 20 世纪 60 年代就出现了很有名的西洋跳棋和国际象棋的程序，并达到了大师的水平。进入 20 世纪 90 年代，IBM 公司以其雄厚的硬件基础，支持开发了后来被称为"深蓝"的国际象棋系统，并为此开发了专用的芯片，以提高计算机的搜索速度。1996 年 2 月，"深蓝"与国际象棋世界冠军卡斯帕罗夫进行了第一次比赛，经过六个回合的比赛之后，"深蓝"以 2∶4 告负。1997 年 5 月，经过改进后，"深蓝"第二次与卡斯帕罗夫交锋，并最终以 3.5∶2.5 战胜了卡斯帕罗夫，在世界范围内引起了轰动。

博弈问题为搜索策略、机器学习等问题的研究课题提供了很好的实际背景，所发展起来的一些概念和方法对人工智能的其他问题也很有用。

1.3.10 计算机视觉

视觉是各个应用领域（如制造业、检验、文档分析、医疗诊断和军事等）中各种智能系统不可分割的一部分。计算机视觉涉及计算机科学与工程、信号处理、物理学、应用数学、统计学、神经生理学和认知科学等多个领域的知识，已成为一门不同于人工智能、图像处理和模式识别等相关领域的成熟学科。计算机视觉研究的最终目标是，使计算机能够像人那样通过视觉观察和理解世界，具有自主适应环境的能力。

计算机视觉研究的任务是理解图像，这里的图像是利用像素所描绘的景物。其研究领域涉及图像处理、模式识别、景物分析、图像解释、光学信息处理、视频信号处理及图像理解。这些领域可分为如下三类：第一类是信号处理，即研究把一个图像转换为具有所需特征的另一个图像的方法。第二类是分类，即研究如何把图像划分为预定类别。分类是从图像中抽取一组预先确定的特征值，然后根据用于多维特征空间的统计决策方法决定一个图像是否符合某一类。第三类是理解，即在给定某一图像的情况下，一个图像理解程序不仅描述这个图像本身，而且描述该图像所描绘的景物。

计算机视觉的前沿研究领域包括实时并行处理、主动式定性视觉、动态和时变视觉、三维景物的建模与识别、实时图像压缩传输和复原、多光谱和彩色图像的处理与解释等。计算机视觉已在机器人装配、卫星图像处理、工业过程监控、飞行器跟踪和制导及电视实况转播等领域获得了极为广泛的应用。

1.3.11 软计算

通常把人工神经网络计算、模糊计算和进化计算作为软计算的三个主要内容。一般来说，软计算多应用于缺乏足够的先验知识，只有一大堆相关的数据和记录的问题。

人工神经网络（Artificial Neural Network，ANN）是一种应用类似于大脑神经突触连接的结构进行信息处理的数学模型。在这一模型中，大量的节点相互连接构成网络，即"神经网络"，以达到处理信息的目的。人工神经网络模型及其学习算法试图从数学上描述人工神经网络的动力学过程，建立相应的模型；然后在该模型的基础上，对于给定的学习样本，找出一种能以较快的速度和较高的精度调整神经元间连接权值，使系统达到稳定状态，满足学习要求的算法。

模糊计算处理的是模糊集合和逻辑连接符，以描述现实世界中类似人类处理的推理问题。模糊集合包含论域中所有元素，但是具有[0,1]区间的可变隶属度值。模糊集合最初由美国加利福尼亚大学教授扎德（L.A.Zadeh）在系统理论中提出，后来又经扩充并应用于专家系统中的近似计算。

进化计算是通过模拟自然界中生物进化机制进行搜索的一种算法，以遗传算法（Genetic Algorithm，GA）、进化策略等为代表。遗传算法是一种随机算法，它是模拟生物进化中"优胜劣汰"自然法则的进化过程而设计的算法。该算法模仿生物染色体中基因的选择、交叉和变异的自然进化过程，通过个体结构不断重组，形成一代代的新群体，最终收敛于近似优化解。1975 年，Holland 出版了《自然和人工系统中的适应性》一书，系统地阐述了遗传算法的基本理论和方法，奠定了遗传算法的理论基础。

1.3.12 智能控制

智能控制是把人工智能技术引入控制领域，建立智能控制系统。1965 年，美籍华裔科学家傅京孙首先提出把人工智能的启发式推理规则用于学习控制系统。十多年后，建立实用智能控制系统的技术逐渐成熟。1971 年，傅京孙提出把人工智能与自动控制结合起来的思想。1977 年，美国人萨里迪斯（G.N.Saridis）提出把人工智能、控制论和运筹学结合起来的思想。1986 年，我国的蔡自兴教授提出把人工智能、控制论、信息论和运筹学结合起来的思想。根据这些思想已经研究出一些智能控制的理论和技术，可以构造用于不同领域的智能控制系统。

智能控制具有两个显著的特点：首先，智能控制同时具有知识表示的非数学广义世界模型和传统数学模型混合表示的控制过程，并以知识进行推理，以启发来引导求解过程。其次，智能控制的核心在高层控制，即组织级控制。其任务在于对实际环境或过程进行组织，即决策和规划，以实现广义问题求解。

1.3.13　智能规划

智能规划是人工智能研究领域近年来发展起来的一个热门分支。智能规划的主要思想是，对周围环境进行认识与分析，根据自己要实现的目标，对若干可供选择的动作及所提供的资源限制实行推理，综合制定实现目标的规划。智能规划研究的主要目的是建立高效实用的智能规划系统。该系统的主要功能可以描述为，给定问题的状态描述、对状态描述进行变换的一组操作、初始状态和目标状态。

最早的规划系统就是通用问题求解系统（GPS），但它不是真正面向规划问题而研制的智能规划系统。1969 年，格林（G.Green）通过归结定理证明的方法来进行规划求解，并且设计了 QA3 系统，这一系统被大多数智能规划研究人员认为是第一个规划系统。1971 年，美国斯坦福研究所的 Fikes 和 Nilsson 设计出了 STRIPS 系统，该系统在智能规划的研究中具有重大的意义和价值，他们的突出贡献是引入了STRIPS 操作符的概念，使规划问题求解变得明朗。此后，到 1977 年先后出现了HACKER、WARPLAN、INTERPLAN、ABSTRIPS、NOAH、NONLIN 等规划系统。尽管这些以 NOAH 系统为代表的部分排序规划技术被证明具有完备性，即能解决所有的经典规划问题，但由于大量实际规划问题并不遵从经典规划问题的假设，所以部分排序规划技术未得到广泛的应用。为消除规划理论和实际应用间存在的差距，进入20 世纪 80 年代中期后，规划技术研究的热点转向了开拓非经典的实际规划问题。然而，经典规划技术，尤其是部分排序规划技术仍是开发规划新技术的基础。

1.4　人工智能的应用

近年来，人工智能已经被广泛应用于各个行业，并为它们的发展升级注入了新的动力。下面是几个重要的例子。

1.4.1　智能安防

伴随着城市化的进程和社会经济的高速发展，安全逐步成为全社会共同关心的议题。从平安城市建设到居民社区守护，从公共场所的监控到个人电子设备的保护，都离不开一个高效可靠的安全体系。近年来，人工智能技术被大量运用在安防领域，成为人们的"守护神"。

从 2015 年开始，全国多个城市都在加速推进平安城市的建设，积极部署公共安全视频监控体系，希望实现对城市主要道路和重点区域的全覆盖。面对海量的监控视频，传统的依赖公安民警通过观看视频找出重要片段的方式显然已经不可行了。于是，基于人工智能的视频分析技术被普遍采用。新的智能视频分析技术可以代替民警做很多事情。智能安防如图 1.3 所示。

图 1.3　智能安防

安防行业正在向全面智能化迈进。中国安防行业在过去十几年中经历了从高清化、网络化到智能化的升级换代，目前中国生产的视频监控摄像头基本实现高清录制，并能够通过网络对视频数据进行回收、存储与分析。随着硬件、技术和数据等各项基础条件基本完善，安防行业完全智能化指日可待。

在硬件方面，前端摄像机逐步实现高清化，分布广泛。目前国内生产的安防摄像机基本实现高清化，安防监控从过去的"看得见"到现在的"看得清"，这得益于数字百万高清视频监控技术的快速发展。目前，我国摄像头密度最高的北京市每千人拥有摄像头数量为 59 个。据不完全统计，我国二线城市的摄像头数量在 5 万～10 万个，三线城市则在 5 万个以下。

在技术方面，深度学习算法成熟，带动图像识别精准度提升。深度学习是近年来人工智能领域最重要的突破之一，深度学习出现之后，计算机视觉的主要识别方法发生了改变，机器自动学习成为了训练的主要方式，机器从海量数据中自动归纳物体的特征，使识别精准度得到极大提升。

在数据方面，安防网络化使海量数据得以实时存储。数字摄像机采用数字信号传输视频，视频传输无损伤，使得长距离传输、云端存储成为可能，海量数据得以保存；网络化监控设备采用云端存储，传递实时图像，为实时动态分析提供了基础。目前企业用于训练人工智能的标注数据主要来源于第三方数据库，而政府机构多年来所积累的数据则更为巨大且标注也更为清晰明确，随着政府数据的进一步公开透明，安防数据规模将以更快的速度增长。安防行业堪称人工智能的"训练场"。

目前，智能安防的落地产品已经能够实现以下几个主要目标。

1．识别目标的性状、属性及身份

目前，可通过云存储系统将安防系统中的各子系统数据进行有效关联，汇集海量数据，然后对视频等非结构化数据进行处理，通过人工智能快速提取结构化数据，与数据库进行比对，实现对目标的性状、属性及身份的识别。

2．实时监控场景内目标数量与密度

在人群密集的各种场所内，实时估计人流的密集程度，根据形成的热度图判断是否出现人群过密、混乱等异常情况并及时报警；在交通方面，实时分析城市交通流量，调整红绿灯间隔，缩短车辆等待时间，提升城市道路的通行效率，为居民顺畅出行提供保障。

3．事件检测与行为分析

目前，智能安防已经可以实现对目标行为进行识别，能够对视频进行周界监测与异常行为分析，能够检测、分类、跟踪和记录过往人、车辆及其他可疑物体，能够判断是否有行人及车辆在禁区内发生长时间徘徊、停留、逆行等行为，还可以检测人员奔跑、打斗等异常行为。

未来国内安防市场规模可达万亿元，并保持高速增长。2011～2016年，安防市场连续五年维持两位数增长。2016年，国内安防市场规模达到5000亿元以上。根据前瞻产业研究院的预测，到2022年，国内安防市场规模将接近万亿元。2016年，安防设备市场规模约为1900亿元，从产品形式上看，视频监控领域是安防行业最大的市场。

1.4.2　无人驾驶

汽车工业从诞生至今已走过了一百多年，作为人类历史上最伟大的发明之一，一方面，汽车的出现让长途出行成为可能，并且拉近了人们的距离，堪称一次时间与空间上的巨大变革；另一方面，汽车的普及带来了难以计数的交通事故，并成为众多家庭命运突变的"罪魁祸首"。如何平衡汽车与安全成为时下的热点。

有数据表明，人类司机的驾驶可靠性也许只有70%，但即便自动驾驶的可靠性能高达99.9%，从伦理学角度看，人类可以接受同类有30%的错误率，却无法接受机器

有 0.1%的失误率。不可否认，无论是对安全、自由还是对舒适度的追求，无人驾驶（图 1.4）都在人工智能领域里扮演着重要的角色，并成为人们对未来城市生活的最高期待。

图 1.4　无人驾驶

预计到 2021 年，无人驾驶汽车将进入市场，从此开启一个崭新的阶段。世界经济论坛估计，汽车行业的数字化变革将创造 670 亿美元的价值，带来 3.1 万亿美元的社会效益，其中包括无人驾驶汽车的改进、乘客互联及整个交通行业生态系统的完善。

据预测，半自动驾驶和全自动驾驶汽车在未来几十年的市场潜力相当大。例如，到 2035 年，仅中国就将有约 860 万辆自动驾驶汽车，其中约 340 万辆为全自动驾驶汽车，520 万辆为半自动驾驶汽车。有业内人士认为，"中国轿车的销售，巴士、出租车和相关交通服务年收入有望超过 1.5 万亿美元"。波士顿咨询集团预测，"无人驾驶汽车的全球市场份额要达到 25%，需要花 15～20 年的时间"。由于无人驾驶汽车预计到 2021 年才上市，这意味着 2035～2040 年无人驾驶汽车将占全球市场 25%的份额。

无人驾驶之所以会给汽车行业带来如此大的变革，是因为无人驾驶汽车带来的影响是空前的。研究表明，在增强高速公路安全性、缓解交通拥堵、减少空气污染等方面，无人驾驶会带来极大的改善。

1．增强高速公路安全性

高速公路事故是全世界面临的重大问题。在美国，每年约有 35000 人死于车祸。日本每年高速公路事故死亡人数为 4000 人左右。据世界卫生组织统计，全世界每年有 124 万人死于高速公路事故。据估计，致命车祸每年会造成 2600 亿美元的损失，而车祸致伤会带来 3650 亿美元的损失。高速公路事故每年导致 6250 亿美元的损失。美国兰德公司研究显示，"在 2011 年车祸死亡事故中 39%涉及酒驾"。几乎可以肯定，在这方面，无人驾驶汽车将带来大幅改善，避免车祸伤亡。在中国，约有 60%的交通事故和骑车人、行人或电动自行车与小轿车和卡车相撞有关。在美国的机动车事故中，有 94% 与人为失误有关。美国高速公路安全保险研究所的一项研究表明，全部安装自动安全装置能使高速公路事故死亡人数减少 31%，每年将挽救 11000 条生命。这类装置包括前部碰撞警告系统、碰撞制动系统、车道偏离警告系统和盲点探测系统。

2. 缓解交通拥堵

交通拥堵几乎是每个大都市都面临的问题。以美国为例，每位司机每年平均遇到 40 小时的交通堵塞，年均成本为 1210 亿美元。在莫斯科、伊斯坦布尔、墨西哥城和里约热内卢，浪费的时间更长，每位司机每年将在交通拥堵中度过超过 100 小时。在中国，汽车数量超过 100 万辆的城市有 35 个，超过 200 万辆的城市有 10 个。在最繁忙的市区，约有 75% 的道路会出现高峰拥堵。Donald Shoup 研究发现，都市中 30% 的交通拥堵是由于司机为了寻找附近的停车场而在商务区绕行造成的，这是交通拥挤、空气污染和环境恶化的重要原因。在造成气候变化的二氧化碳排放中约有 30% 来自汽车。另外，根据估算，在都市中有 23%～45% 的交通拥堵发生在道路交叉处。交通灯和停车标志不能发挥作用，因为它们是静止的，无法将交通流量考虑进去。绿灯或红灯是按照固定间隔提前设定好的，不管某个方向的车流量有多大。一旦无人驾驶汽车逐渐投入使用，并占到车流量比较大的比例，车载感应器将能够与智能交通系统联合工作，优化道路交叉口的车流量。红绿灯的间隔也将是动态的，根据道路车流量实时变动。这样可以通过提高车辆通行效率，缓解拥堵。

3. 疏解停车难问题

完成停车时，无人驾驶汽车能将每侧人为预留的空间减少 10 厘米，每个停车位就可以减少 1.95 平方米。此外，层高也可以按照车身进行设计。通过无人驾驶汽车与传统汽车共享车库，所需要的车库空间将减少 26%。如果车库只供自动泊车汽车使用，则所需的车库空间将减少 62%。节省的土地可以用于建设其他对行车和行人更加友好的街道，同时能节省车主停车和取车的时间。

4. 减少空气污染

汽车是造成空气质量下降的主要原因之一。兰德公司的研究表明，"无人驾驶技术能提高燃料效率，通过更顺畅地加速、减速，能比手动驾驶提高 4%～10% 的燃料效率"。由于工业区的烟雾与汽车数量有关，增加无人驾驶汽车的数量能减少空气污染。一项 2016 年的研究估计，等红灯或交通拥堵时汽车造成的污染比车辆行驶时高 40%。无人驾驶汽车共享系统也能带来减排和节能的好处。得克萨斯大学奥斯汀分校的研究人员研究了二氧化硫、一氧化碳、氮氧化物、挥发性有机化合物、温室气体和细小颗粒物，结果发现，使用无人驾驶汽车共享系统不仅能节省能源，还能减少各种污染物的排放。约车公司 Uber 发现，该公司在旧金山和洛杉矶的车辆出行中分别有 50%和 30%是多乘客拼车。在全球范围内，这一数字为 20%。无论是传统车还是无人驾驶汽车，拼车的乘客越多，对环境越好，也越能缓解交通拥堵。改变一车一人的模式将能大大改善空气质量。

1.5 人工智能的影响

（1）人工智能对自然科学的影响。对于需要使用计算机解决问题的学科，人工智能带来的帮助不言而喻。更重要的是，人工智能反过来有助于人类最终认识自身智能的形成。

（2）人工智能对经济的影响。专家系统逐步深入各行各业，带来巨大的宏观效益。人工智能促进了计算机工业、网络工业的发展，但也带来了劳动就业问题。由于人工智能在科技和工程中的应用，能够代替人类进行各种技术工作和脑力劳动，会造成社会结构的剧烈变化。

（3）人工智能对社会的影响。人工智能为人类文化生活提供了新的模式。现有的游戏将逐步发展为更加智能的交互式文化娱乐手段。

伴随着人工智能和智能机器人的发展，不得不讨论的是人工智能本身就是超前研究，需要用未来的眼光开展现代的科研，因此很可能触及伦理底线。针对科学研究可能涉及的敏感问题，需要及早预防可能产生的冲突，而不是等到矛盾不可解决的时候才去想办法化解。

本章小结

人工智能是研究如何通过机器来模拟人类认知能力的学科。它可以通过人工定义或者从数据和行动中学习的方式获得预测和决策的能力。通过过去几十年的努力，人工智能已经获得了长足的发展，并且在多个行业得到了成功的应用。

人工智能这一新兴的科技浪潮正在深刻地改变着我们的世界并影响着我们的生活，但这仅仅是一个开始。我们的生产、生活、社交、娱乐等方方面面可以通过人工智能技术的应用得到进一步的提升。人工智能过去的发展为我们展现了一个令人激动的前景，而这个更美好的新时代需要我们共同努力去创造。

习题

1. 搜索人工智能的定义。
2. 人工智能的研究领域有哪些？
3. 人工智能目前的应用领域有哪些？

第 2 章　知识工程

21 世纪人类全面进入信息时代。信息科学技术促进了劳动资料信息属性的发展，从而促使科学技术与生产力比过去更加紧密地结合在一起，构成我们这个时代经济社会发展的新的特征，具有划时代的意义。信息化的必然趋势是智能化，它将使世界经济从工业化阶段进入知识经济阶段，即将物质生产和知识生产结合起来，充分利用知识和信息资源，提高产品的知识含量。人工智能问题的求解是以知识为基础的，知识工程是人工智能研究的核心课题之一。本章介绍知识工程的概念及发展历史，重点介绍几种常用的知识表示方法，包括产生式表示法、语义网络表示法、框架表示法和面向对象表示法等，同时介绍知识的获取与管理及基本的知识系统。

2.1　概述

如今，人们的生活已经进入智能化时代，大数据、云计算、物联网技术飞速发展，促进了人工智能的发展，而知识工程是伴随着人工智能的发展而发展的。在人工智能时代，数据（Data）、信息（Information）、知识（Knowledge）、智能（Intelligence）分别被赋予了不同的含义：数据是关于事实的一组离散、客观、有意义的描述，是构成信息和知识的原始材料；信息是具有特定意义、彼此有关联的数据，从数学的观点看，信息是用来消除不确定性的一个物理量；知识是信息经过加工、整理、选择、改造而成的，是客观世界规律性的体现，知识让数据从定量到定性的过程得以实现，是抽象的、逻辑的；智能是个体认识客观事物和运用知识解决问题的能力，是理解知识、运用知识、分析问题、解决问题的能力。

知识工程（Knowledge Based Engineering，KBE）即基于知识的工程，其基本思想是在工程设计中重用已有的知识和经验。它是由斯坦福大学的费根鲍姆（Feigenbaum）教授（图 2.1）在 1977 年于麻省理工学院召开的人工智能国际会议上提出的，他指出：“知识工程是应用人工智能的原理与方法，对那些需要专家知识才能解决的应用难题提供求解的手段。恰当地运用专家知识的获取、表达和推理过程，是设计基本知识系统的重要技术问题。”

图 2.1   费根鲍姆

知识工程的发展大体经历了 3 个时期：

（1）1965～1974 年为实验性系统时期。1965 年，费根鲍姆教授与其他科学家合作研制出 DENDRAL 专家系统。这是一种推断分子结构的计算机程序，该系统解决问题的能力达到了专家水平，甚至在某些方面超过了同行专家的能力。DENDRAL 系统标志着"专家系统"的诞生。

（2）1975～1979 年为 MYCIN 时期。MYCIN 是一种用于诊断与治疗感染性疾病的"专家系统"。该系统不但具有较高的性能，而且具有解释功能和知识获取功能，可以用英语与用户对话，回答用户提出的问题，还可以在专家指导下学习医疗知识。

（3）从 1980 年至今为知识工程的"产品"在产业部门开始应用的时期。

从知识工程的发展历史可以看出，知识工程是伴随专家系统的研究而产生的。知识工程是一门新兴的、多学科交叉的边缘学科。

（1）知识工程是一门以知识为研究对象的学科，主要研究方向包括知识获取、知识表示和推理方法。

（2）知识工程以智能系统为研究的核心与主体，它将智能系统中的共性问题抽取出来加以研究，使其成为指导各类具体智能系统研发的一般方法与基本工具。

（3）知识工程是人工智能在知识信息处理方面的扩展。

2.2   知识表示方法

为了使计算机具有智能，使它能模拟人类的智能行为，就必须使它具有知识。但知识需要用适当的方法表示出来才能存储到计算机中，因此知识表示方法就成为知识工程中一个十分重要的研究课题。

　　知识表示是利用计算机能够接收并进行处理的符号和方式来表示人类在改造客观世界中所获得的知识，旨在利用计算机方便地表示、存储、处理和利用人类的知识。知识表示方法取决于人类知识的结构及其机制。在实际应用中所采用的知识表示方法同知识的组织、知识的结构和知识的使用方式密切相关。

　　知识表示在人工智能体的建造中起到关键作用。以适当方法表示知识，才能使人工智能体展示出智能行为。知识表示=数据结构+处理机制。数据结构用于存储要解决的问题、可能的中间解答、最终解答，以及解决问题涉及的知识。仅有数据（符号）结构还不能体现出系统具有知识，还需要配套的处理机制。知识表示的研究既要考虑知识的表示与存储，又要考虑知识的使用。

　　知识表示方法应满足以下几个要求：

　　（1）具有表示能力。要求能够正确、有效地将问题求解所需的各类知识都表示出来。

　　（2）具有可理解性。所表示的知识应易懂、易读。

　　（3）便于知识的获取。要求智能系统能够渐进地增加知识，逐步进化。

　　（4）便于搜索。表示知识的符号结构和处理机制应支持对知识库的高效搜索，使得智能系统能够迅速地感知事物之间的关系和变化，同时能很快地从知识库中找到有关的知识。

　　（5）便于推理。要能够从已有的知识中推出需要的答案和结论。

2.2.1　谓词逻辑表示法

　　逻辑是表达人类思维与推理的工具，它能通过计算机做精确处理，而其表现方式和人类自然语言又非常接近，因此逻辑作为知识表示方法自然易被人们接受。虽然命题逻辑能够把客观世界的各种事实表示为逻辑命题，但它具有较大的局限性，即它不适于表示较为复杂的问题。而谓词逻辑允许我们表达那些无法用命题逻辑表达的事情。

1．知识的谓词逻辑表示法

　　谓词公式就是用谓词连接符号将一些谓词按照一定的逻辑关系连接起来所形成的公式。

　　（1）对事实性知识，谓词逻辑表示法通常用合取符号（∧）和析取符号（∨）连接形成的谓词公式来表示。例如：张三是一名计算机系的学生，他喜欢编程序，可以用谓词公式表示为

Computer(张三)∧Like(张三,programming)

　　其中，Computer(x)表示 x 是计算机系的学生，Like(x,y)表示 x 喜欢 y，x 和 y 都是谓词。

（2）对于规则性知识，谓词逻辑表示法通常用单条件符号（→）连接形成的谓词公式来表示。例如：如果 x，则 y，用谓词公式表示为 x→y。

2. 符号

① ¬：否定（Negation），复合命题¬Q 表示否定 Q 的真值的命题，即"非 Q"。

② ∧：合取（Conjunction），复合命题 P∧Q 表示 P 和 Q 的合取，即"P 与 Q"。

③ ∨：析取（Disjunction），复合命题 P∨Q 表示 P 或 Q 的析取，即"P 或 Q"。

④ →：条件（Condition），也叫蕴涵，复合命题 P→Q 表示命题 P 是命题 Q 的条件，即"如果 P，那么 Q"。

⑤ ↔：双条件（Bicondition），也叫等价，复合命题 P↔Q 表示命题 P、命题 Q 相互作为条件，即"如果 P，那么 Q；如果 Q，那么 P"。

3. 量词

1）全称量词 ∀

符号(∀x)P(x)表示对于某个论域中的所有（任意一个）个体 x，都有 P(x)真值为 T。

2）存在量词 ∃

符号(∃x)P(x)表示某个论域中至少存在一个个体 x，使 P(x)真值为 T。

4. 用谓词公式表示知识的步骤

（1）定义谓词及个体，确定每个谓词及个体的确切含义。

（2）根据所要表达的事物，为每个谓词中的变元赋以特定的值。

（3）根据所要表达的知识的语义，用适当的连接符号将各个谓词连接起来，形成谓词公式。

例 2.1 设有下列事实性知识：

① 吴琼是一名计算机学院的学生，但他不喜欢编程序。

② 陈雷比他父亲长得高。

请用谓词公式表示这些知识。

解： 第一步，定义谓词如下。

COMPUTER (x)：x 是计算机学院的学生。

LIKE (x,y)：x 喜欢 y。

HIGHER (x,y)：x 比 y 长得高。

第二步，给变元赋值。

这里涉及的个体有吴琼（wuqiong）、编程序（programming）、陈雷（chenlei），以函数 father(chenlei)表示陈雷的父亲。

COMPUTER (wuqiong)

LIKE (wuqiong,programming)

HIGHER(chenlei,father(chenlei))

第三步，将谓词连接成谓词公式。

COMPUTER (wuqiong) $\wedge\neg$ LIKE (wuqiong,programming)

HIGHER(chenlei,father(chenlei))

5. 一阶谓词逻辑表示法的特点

1）优点

① 严密性。可以保证其演绎推理结果的正确性，可以较精确地表达知识。

② 自然性。它的表现方式和人类自然语言非常接近。

③ 通用性。拥有通用的逻辑演算方法和推理规则。

④ 知识易表达。如果对逻辑的某些外延进行扩展，则可把大部分精确性知识表达成一阶谓词逻辑的形式。

⑤ 易于实现。用它表示的知识易于模块化，便于知识的增删及修改，便于在计算机上实现。

2）缺点

① 效率低。由于推理是根据形式逻辑进行的，把推理演算和知识含义截然分开，抛弃了表达内容所含的语义信息，因此往往导致推理过程太冗长，降低了系统效率。另外，谓词表示越细、越清楚，推理越慢、效率越低。

② 灵活性差。不便于表达和加入启发性知识和元知识，不便于表达不确定的知识，但人类的知识大都具有不确定性和模糊性，使得表示知识的范围受到限制。

③ 组合爆炸。在其推理过程中，随着事实数目的增大及盲目使用推理规则，有可能产生组合爆炸。

2.2.2　产生式表示法

1. 概念与基本形式

"产生式"这一术语是 1943 年由美国数学家 Post 首先提出的，他根据字符串替换规则提出了一种被称为 Post 机的计算模型，模型中的每一条规则称为一个产生式。所以，产生式表示法又称产生式规则表示法。在产生式系统中，把推理和行为的过程用产生式规则表示，所以又称基于规则的系统，适合表示规则性知识和事实性知识，通常用于表示具有因果关系的知识。知识表示进一步可分为确定性和不确定性知识表示。其基本形式是

P→Q 或 IF P THEN Q

1）确定性规则性知识的产生式表示

P→Q 或 IF P THEN Q

其中，P 是产生式的前提；Q 是一组结论或操作，用于指出前提 P 所指示的条件被满足时，应该得出的结论或应该执行的操作。

2）不确定性规则性知识的产生式表示

P→Q（置信度）或 IF P THEN Q（置信度）

其中，P 是产生式的前提；Q 是一组结论或操作。已知事实与前提中所规定的条件不能精确匹配时，只要按照"置信度"的要求达到一定的相似度，就认为已知事实与前提条件相匹配，再按照一定的算法将这些可能性（或不确定性）传递到结论。

3）确定性事实性知识的产生式表示

事实性知识一般使用三元组来表示：

（对象，属性，值）或（关系，对象 1，对象 2）

例如："老李年龄是 40 岁"，可表示成：

（Li，Age，40）

而"老李和老张是好朋友"，可表示成：

（Friend，Li，Zhang）

4）不确定性事实性知识的产生式表示

不确定事实性知识一般使用四元组来表示：

（对象，属性，值，置信度）或（关系，对象 1，对象 2，置信度）

例如："老李的年龄很可能是 40 岁"，可表示成：

（Li，Age，40，0.8）

而"老李和老张是好朋友的可能性不大"，可表示成：

（Friend，Li，Zhang，0.1）

产生式系统一般由三个基本部分组成：规则库、综合数据库和推理机，如图 2.2 所示。

图 2.2　产生式系统的组成

规则库就是用于描述某领域内知识的产生式集合，包含将问题从初始状态转换成目标状态的变换规则，是专家系统的核心。

综合数据库又称事实库，用于存放输入的事实、中间结果和最终结果。

推理机是一个或一组程序，用来控制和协调规则库与综合数据库的运行，包含推理方式和控制策略。

2. 产生式表示法的优缺点

1）优点

（1）清晰性。产生式表示法格式固定、形式简单，规则（知识单位）间相互较为独立，没有直接关系，使规则库的建立较为容易，处理较为简单。

（2）模块性。规则库与推理机是分离的，这种结构给规则库的修改带来方便，无须修改程序，对系统的推理路径也容易做出解释。

（3）自然性。符合人类的思维习惯，是人们常用的一种表达因果关系的知识表示形式，既直观自然，又便于推理。另外，产生式表示法既可以表示确定性知识，又可以表示不确定性知识。

2）缺点

（1）难以扩展。尽管规则在形式上相互独立，但实际问题中往往是彼此相关的。当规则库不断扩大时，要保证新的规则和已有的规则没有矛盾就会越来越困难，知识库的一致性越来越难以实现。

（2）规则选择效率较低。在推理过程中，每一步都要和规则库中的规则做匹配检查。如果规则库中规则数目很大，显然效率会降低。

（3）控制策略不灵活。产生式系统往往采用单一的控制策略，如顺序考察规则库中的每一条规则，这同样会降低系统的效率。

（4）知识表示形式单一。产生式系统比较适合表示非结构化的知识，对于结构化的知识可能用语义网络、框架或面向对象的表示方式更为合适。

2.2.3　语义网络表示法

语义网络是 J.R.Quillian 于 1968 年在他的博士论文中作为人类联想记忆的一个心理模型最先提出的。语义网络最初主要用于自然语言理解的研究，Quillian 主张应当把语义放在第一位，一个词的含义只有根据它所处的上下文环境才能准确地把握，一个句子中相关单词的语义或意思可以通过这种网络来表示。

1. 语义网络的概念与结构

语义网络是通过概念及其语义关系来表示知识的一种网络图，它是一个带标记的有向图。其中，有向图的各节点用来表示各种概念、事物、属性、情况、动作、状态等，节点上的标注用来区分各节点所表示的不同对象，每个节点可以带有若干个属性，以表示其所代表的不同对象的特性；弧是有方向、有标注的，方向用来体现节点间的主次关系，而其上的标注则表示被连接的两个节点间的某种语义联系或语义关系。语义网络表示示例如图 2.3 所示。

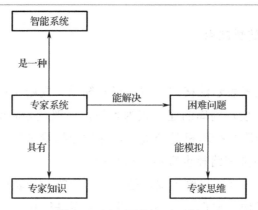

图 2.3　语义网络表示示例

语义网络可以表示事物之间的关系。因此，关系型的知识和可以转为关系型的知识都可以用语义网络表示。一个最简单的语义网络可由一个三元组表示：（节点 1，弧，节点 2）。还可用有向图表示，称为基本网元（图 2.4）。图 2.4 中，A 和 B 分别代表节点，而 R 则表示 A 和 B 之间的某种语义联系。

图 2.4　基本网元

从谓词逻辑表示法来看，一个基本网元相当于一组一阶二元谓词。产生式表示法以一条产生式规则作为知识的单位，各条产生式规则之间没有直接的联系。而语义网络则不同，它不仅将基本网元视为一种知识的单位，而且各个基本网元之间是相互联系的。每一条产生式规则都可以表示为语义网络的形式。

2．语义网络中常用的语义关系

（1）类属关系。

类属关系是指具有共同属性的不同事物间的分类关系、成员关系或实例关系。它体现的是"具体与抽象""个体与集体"的层次关系。具体层节点位于抽象层节点的下层。类属关系的一个最主要的特征是属性的继承性，处在具体层的节点可以继承抽象层节点的所有属性。常用的类属关系如下。

① AKO："是一种"（a kind of），表示一个事物是另一个事物的一种类型。

② AMO："是一员"（a member of），表示一个事物是另一个事物的一个成员。

③ ISA："是一个"（is a），表示一个事物是另一个事物的一个实例。

（2）包含关系。

包含关系也称聚类关系，是指具有组织或结构特征的"部分与整体"之间的关系。它和类属关系的最主要区别是包含关系一般不具备属性的继承性。常用的包含关系如下。

Part-of："是一部分"，表示一个事物是另一个事物的一部分，该关系不具有继承性。

（3）占有关系。

占有关系是事物或属性之间的"具有"关系。常用的占有关系如下。

Have：含义为"有"，表示一个节点拥有另一个节点表示的事物。

（4）时间关系。

时间关系是指不同事件在其发生时间方面的先后次序关系，节点间的属性不具有继承性。常用的时间关系如下。

① Before："在……前"，表示一事件在另一事件之前发生。

② After："在……后"，表示一事件在另一事件之后发生。

③ During："在……期间"，表示某一事件或动作在某个时间段内发生。

（5）位置关系。

位置关系是指不同事物在位置方面的关系，节点间的属性不具有继承性。常用的位置关系如下。

① Located-on："在……上"，表示某一物体在另一物体之上。

② Located-at："在……"，表示某一物体在某一位置。

③ Located-under："在……内"，表示某一物体在另一物体之内。

④ Located-outside："在……外"，表示某一物体在另一物体之外。

（6）相近关系。

相近关系是指不同事物在形状、内容等方面相似或相近。常用的相近关系如下。

① Similar-to："相似"，表示某一事物与另一事物相似。

② Near-to："接近"，表示某一事物与另一事物接近。

（7）推论关系，是指从一个概念推出另一个概念的语义关系。

（8）因果关系，是指由于某一事件的发生而导致另一事件的发生，适于表示规则性知识。通常用 If-then 表示两个节点间的因果关系。

（9）组成关系，是一种一对多的关系，用于表示某一事物由其他一些事物构成，通常用 Composed-of 表示。其所连接的节点间不具有属性继承性。

（10）属性关系，表示一节点是另一节点的属性，通常用 IS 表示。

3．语义网络表示知识的方法

1）事实性知识的表示

事实性知识是指有关领域内的概念、事实、事物的属性、状态及其关系的描述。例如："雪是白色的""山鸡是一种鸡"的语义网络表示如图 2.5 所示。

图 2.5 "雪是白色的""山鸡是一种鸡"的语义网络表示

如果希望进一步指出"山鸡是一种鸡""鸡是一种飞禽""飞禽是一种动物",并指出它们所有的属性,则其语义网络表示如图2.6所示。

图2.6 "山鸡是一种鸡""鸡是一种飞禽""飞禽是一种动物"的语义网络表示

2)情况和动作的表示

(1)情况的表示。

当表示那些不及物动词的语句或没有间接宾语的及物动词的语句时,如果该语句的动词表示了一些其他情况,如动作作用的时间等,则需要设立一个情况节点,并从该节点向外引出一组弧,用于指出各种不同情况。例如:"一只名叫'神飞'的小燕子从三月到十一月占有一个巢",可表示成如图2.7所示的语义网络。

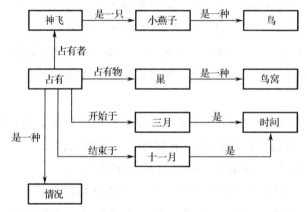

图2.7 "一只名叫'神飞'的小燕子从三月到十一月占有一个巢"的语义网络表示

(2)动作和事件的表示。

表示的知识语句涉及的动词既有主语,又有直接宾语和间接宾语。也就是说,既有发出动作的主体,又有接受动作的客体和动作所作用的客体,则可以设立一个动作或事件节点。它可以有一些向外引出的弧,用于指出动作的主体与客体,或事件发生的动作及该事件的主体与客体。例如:"张三送给李四一支钢笔",其语义网络表示如图2.8所示。

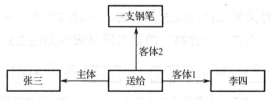

图2.8 "张三送给李四一支钢笔"的语义网络表示

如果把"张三送给李四一支钢笔"作为一个事件，则增加一个"事件"节点，其表示如图 2.9 所示。

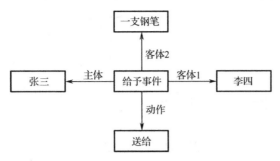

图 2.9　增加一个"事件"节点后的语义网络表示

3）逻辑关系的表示

（1）合取与析取的表示。

用语义网络表示知识时，为了能反映事实间的合取与析取的逻辑关系，可增加合取和析取节点。例如："参赛者有工人、有干部、有高的、有低的"，如果把所有参赛者组合起来，可得到以下 4 种情况：

a．工人，高的　　　　　　b．工人，低的

c．干部，高的　　　　　　d．干部，低的

该知识的语义网络表示如图 2.10 所示。

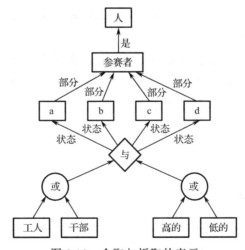

图 2.10　合取与析取的表示

（2）量词的表示。

对存在量词，可以直接用"是一种""是一个"等这样的语义关系来表示。对全称量词，则可以采用亨德里克（G.G.Hendrix）提出的网络分区技术。该技术的基本思想是，把一个复杂命题划分为若干个子命题，每一个子命题用一个较简单的语义网络表示，称为一个子空间，多个子空间构成一个大空间。将每个子空间看成大空间中的

一个节点，称为超节点。空间可以逐层嵌套，子空间之间用弧连接。例如："每个学生都学习了一门程序设计语言"，用语义网络表示如图 2.11 所示。

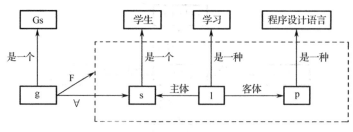

图 2.11　量词的表示

4）规则性知识的表示

语义网络也可以表示规则性知识。例如，"如果 A，那么 B"是一条表示 A 和 B 之间因果关系的规则性知识，如果规定语义关系 R_{AB} 的含义是"如果……，那么……"，则上述知识可表示成：

$$A \xrightarrow{\ R_{AB}\ } B$$

4．语义网络表示知识的步骤

（1）确定问题中的所有对象及各对象的属性。

（2）分析并确定语义网络中各对象间的关系。

（3）根据语义网络中所涉及的关系，对语义网络中的节点及弧进行整理，包括增加节点、弧和归并节点等。

（4）检查语义网络中是否含有要表示的知识中所涉及的所有对象，若有遗漏，则须补全。将各对象间的关系作为网络中各节点间的有向弧，连接形成语义网络。

（5）根据第 1 步的分析结果，表示各对象的属性。

例 2.2　用语义网络表示下列命题：

（1）树和草都是植物。

（2）树和草是有根有叶的。

（3）水草是草，且长在水中。

（4）果树是树，且会结果。

（5）苹果树是一种果树，它结苹果。

解： 按照语义网络表示知识的步骤，分析如下。

（1）问题涉及的对象有植物、树、草、水草、果树、苹果树。各对象的属性如下。

树和草的属性：有根、有叶。

水草的属性：长在水中。

果树的属性：会结果。

苹果树的属性：结苹果。

（2）树、草与植物间的关系是 AKO，水草和草之间的关系是 AKO，果树和树之间的关系是 AKO，苹果树和果树间的关系是 AKO。

（3）根据信息继承性原则，各上层节点的属性下层都具有，在下层都不再标出，以避免属性信息重复。例如，草的属性是有根有叶，而水草也有根有叶，但这些属性不在水草中标出；苹果树是树的下层节点，树的属性将不在苹果树中标出。

（4）根据上面的分析，本题共涉及 6 个对象，各对象的属性及它们之间的关系已在上面指出，所以本题的语义网络应是由 6 个节点构成的有向图，弧上的标注及各节点的标注已在上面指出。语义网络如图 2.12 所示。

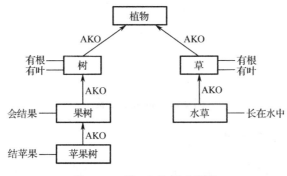

图 2.12　例 2.2 的语义网络

5．语义网络表示法的特点

优点：结构性好，具有自然性、联想性。

缺点：

（1）推理规则不十分明了，不能充分保证网络操作所得推论的严格性和有效性。

（2）一旦节点个数太多，网络结构复杂，推理就难以进行。

（3）不便于表达判断性知识与深层知识。

2.2.4　框架表示法

框架表示法是以框架理论为基础发展起来的一种结构化的知识表示法，它适用于表示多种类型的知识。1975 年，美国麻省理工学院明斯基在论文 A framework for representing knowledge 中提出了框架理论，引起了人工智能学者的重视。它是针对人们理解情景、故事提出的心理学模型，论述的是思想方法而不是具体实现。

框架理论的基本观点是，人脑中已存储了大量事物的典型情景，也就是人们对这些事物的一种认识，这些典型情景是以一个被称为框架的基本知识结构存储在记忆中的，当人面临某一情景时，就从记忆中选择（匹配）一个合适的框架，这个框架是以前记忆的一个知识空框，而其具体内容依赖对新的事物情景的认识，而这种认识的新框架又可记忆于人脑之中，以丰富人的知识。

框架表示法最突出的特点是善于表示结构性知识，能够把知识的内部结构关系及知识之间的特殊关系表示出来，并把某个实体或实体集的相关特性都集中在一起。

1．框架的定义及组成

框架是一种描述对象属性的数据结构，一个框架可以由框架名、槽名、侧面名和侧面值四部分组成。框架的结构如图 2.13 所示。

<框架名>

槽名1：

侧面名11：侧面值11

侧面名12：侧面值12

······

侧面名1n：侧面值1n

······

槽名k：

······

图 2.13　框架的结构

2．用框架表示知识的步骤

（1）分析待表达知识中的对象和属性，对框架中的槽名进行合理设置。

（2）对各对象间的各种关系进行考察，使用一些常用的或根据具体需要定义一些表达关系的槽名，来描述上下层框架间的关系。

（3）对各层对象的"槽名"及"侧面名"进行合理的组织安排，避免信息描述的重复。

3．案例

例 2.3　用框架来描述"优质商品"这一概念。首先分析商品所具有的属性，一个商品可能具有的属性有商品名称、生产厂商、生产日期、获奖情况等，这里只考虑这几个属性。这几个属性可以定义为"优质商品"框架的槽名，而"获奖情况"这个属性还可以用获奖等级、颁奖单位和获奖时间这 3 个侧面名来加以描述。如果给各个槽名和侧面名赋予具体的值，就能得到"优质商品"这一概念的一个实例框架。

解：

框架名：<优质商品>

商品名称：×××

生产厂商：×××集团

生产日期：1998 年 6 月 17 日

获奖情况：获奖等级：省级

　　　　　颁奖单位：××省卫生厅

　　　　　获奖时间：2000 年 5 月

例 2.4　下面是关于地震的报道，请用框架表示这段报道。

今天，一次强度为里氏 8.5 级的强烈地震袭击了 Low Slabovia 地区，造成 25 人死亡和 25 亿美元的财产损失。该地区主席说："多年来，靠近萨迪壕金斯断层的重灾区一直是一个危险地区，这是本地区发生的第 3 号地震。"

解：① 确定属性，即框架的槽。

本报道中关于地震的关键属性是地震发生的地点、时间、伤亡人数、财产损失、震级、断层。

② 分析本报道中各对象间的关系，由于只涉及地震一件事，所以本步骤可以省略。

③ 将报道中有关数据填入相应槽名后得到第 3 号地震的框架。

框架名：<地震>

地点：Low Slabovia

时间：今天

伤亡人数：25 人

财产损失：25 亿美元

震级：8.5

断层：萨迪壕金斯

4．框架表示法的特点

框架表示法具有以下优点。

（1）框架系统的数据结构和问题求解过程与人类的思维和问题求解过程相似。

（2）框架结构表达能力强，层次结构丰富，提供了有效的组织知识的手段，只要对其中某些细节进行进一步描述，就可以将其扩充为另外一些框架。

（3）可以利用过去获得的知识对未来的情况进行预测，而实际上这种预测非常接近人的认知规律，因此可以通过框架来认识某一类事物，也可以通过一些实例来修正框架对某些事物的不完整描述。

存在的问题：

（1）缺乏形式理论，没有明确的推理机制保证问题求解的可行性和推理过程的严密性。

（2）由于许多实际情况与原型存在较大的差异，因此适应能力不强。

（3）框架系统中各个子框架的数据结构如果不一致，会影响整个系统的清晰性，造成推理的困难。

2.2.5 面向对象表示法

在大空间或多领域的情况下，从本质上讲，面向对象表示法是将框架表示法与语义网络表示法相结合，应用面向对象概念定义的一种知识表示方法。

用面向对象表示法表示知识时，需要对类的构成形式进行描述。不同的面向对象语言所提供的类的描述形式不同，下面给出一般的描述形式；

```
    Class〈类名〉[:〈父类名〉]
[〈类变量表〉]
Structure
〈对象的静态结构的描述〉
Method
〈关于对象的操作定义〉
Restraint
〈限制条件〉
```

面向对象表示法的优点：

（1）"继承"带来了天然的层次性和结构性。

（2）对象本身的定义产生了良好的兼容性和灵活性，它可以是数据，也可以是方法；可以是事实，也可以是过程；可以是一个框架，也可以是一个语义子网络。

（3）将对象看成客观世界及其映射系统的分形元，因而事物都可以由这些分形元堆垒而成，由简单的原则衍生出复杂的系统。

2.2.6 知识表示的一般性方法及选取

1．知识表示的一般性方法

（1）产生式；

（2）框架；

（3）语义网络；

（4）谓词逻辑；

（5）自然语言；

（6）程序设计语言；

（7）数据处理与传统数据库；

（8）直接表示；

（9）过程表示；

（10）特征表；

（11）脚本；

（12）语言场；

（13）因素空间；

（14）概念云；

（15）概念格；

（16）综合知识体；

（17）神经网络；

（18）Petri 网；

（19）粗糙集；

（20）可拓集；

（21）Fuzzy 集；

（22）Vague 集；

（23）状态空间；

（24）小波分析；

（25）认知图；

（26）超图；

（27）面向对象；

（28）基于实例与范例；

（29）基于模型；

（30）语义单元；

（31）形式概念分析；

（32）Schank 概念从属理论；

（33）函数式程序语言；

（34）高阶谓词下 Escher；

（35）XML 表示法；

（36）问题规约法。

2．知识表示方法的选取

不同的知识结构都有其针对性和局限性，而且同一知识可以采用不同的表示方法，但在解决某一问题时不同的表示方法将会在求解效率、结果的正确性等方面产生完全不同的效果。因此，为了有效解决问题，应依据具体情况选择一种合适的知识表示方法。

选取时要考虑以下问题：

（1）表示能力是否足够。

（2）是否便于知识的运用（如推理、求解等操作）。

（3）模块化程度如何。

（4）是否便于知识的扩充和修改。

（5）是否支持自顶向下、逐步求精的设计原则。

（6）从知识的思维或自然语言形式到具体表示的转换是否容易。

（7）表示是否便于理解和实现。

2.3 知识获取与管理

2.3.1 知识获取

1．知识获取概述

知识获取，是把用于求解专门领域问题的知识从拥有这些知识的知识源中抽取出来，转换为特定的计算机表示。知识源包括人类专家的经验、教科书中的知识、数据库的内容、人的直觉、人对问题的认识等。知识工程师是知识获取的主体，必须通过各种努力来抽取并表示所需要的知识。其基本方法如下：

交谈→试验→数据采集→分析、归纳

根据知识获取定义和专家系统的总体要求，知识获取的任务可归结为以下几方面：

（1）对专家或书本等知识源的知识进行理解、认识、选择、抽取、汇集、分类和组织。

（2）从已有知识和实例中产生新知识（包括从外界学习新知识）。

（3）检查和保证已获取知识的一致性、完整性。

（4）尽量保证已获取知识的无冗余性，以提高推理机的速度和正确性。

2．知识获取方法的分类

（1）按照基于知识的数据本身在知识获取中的作用分类，知识获取方法可分为主动型知识获取和被动型知识获取两类。

（2）按照基于知识的系统获取知识的工作方式分类，知识获取方法可分为非自动型知识获取和自动型知识获取两类。

（3）按照知识获取的策略分类，知识获取方法可分为会谈式、案例分析式、机械照搬式、教学式（示教式）、演绎式、归纳式、猜想验证式、反馈修正式、联想式和条件反射式。

3．知识获取的困难

对于知识工程师而言，建立一个新的专家系统，相当于学习一门新的专业。为了建立一个特定领域的专家系统，他们必须在领域专家的指导下，翻阅、检索大量文献、资料，从中抽取与问题有关的领域共性知识。此外，知识工程师还要花费大量时间与精力，同领域专家密切合作，获取属于专家个人的启发性知识。

实践表明，获取专家的启发性知识是十分困难的任务，主要原因如下。

（1）知识表现失配。具体地说，通常人类专家陈述知识的方法与专家系统采用的知识表示方法不一致。

（2）专家的启发性知识是不精确的。专家的启发性知识往往隐含着近似性、不确定性、不充分性、不完全性，甚至相互矛盾。目前，专家系统表示不精确知识的能力是十分有限的。

（3）有些启发性知识无法表示。领域专家凭借多年总结和积累的实践经验，采用独特的方法和有效的手段去解决困难问题，但难以把这些经验和策略方法显式地表达出来。"知其然，不知其所以然"是知识工程师在知识获取中经常遇到的问题。

（4）缺乏开发专家系统的现代技术。现行系统采用的表示方法限制了它的表达能力。即使专家能够把知识传授给知识工程师，但要在一个给定的表示系统中，描述一切相关的知识，往往是困难的，甚至是不可能的。

（5）知识测试与调试存在困难。知识的正确性需要经过反复测试与调试，为了找出问题解答的错误，可能需要跟踪包含着数百个事实的几十种推理过程。

为了将错误与其真实原因联系起来，必须弄清知识与推理机控制策略之间的相互作用。而且，除非知识各部分之间的相互依赖关系是非常明确的，否则，在修正一个观察到的错误时，在知识库中的修改都可能引起新的错误，这些错误有可能降低专家系统的性能。

2.3.2　知识获取的基本过程

1. 确定阶段

确定阶段是知识获取的开始，确定阶段的工作包括：

（1）系统开发参加人员和任务的确定。

（2）专家系统解决问题的确定。

（3）资源（知识源、设备、经费等）的确定。

（4）专家系统工作目标的确定。

（5）知识获取过程中，至少有 1 名知识工程师和 1 名领域专家参加，并有明确的工作分工和职责划分。

知识工程师与领域专家密切合作，通过反复交谈和讨论，确定要解决的问题及相关事宜。需要确定的具体问题如下：

哪类问题希望由专家系统求解？

这些问题如何定义和说明？

为解决这些问题，重要的子问题和子任务是什么？

求解的形式是什么？

求解中将使用什么概念？

数据是什么？

术语及相互关系是什么？

哪些方面的专家知识是解答问题的本质？

相关问题或外围环境是什么？

哪些情况会影响专家系统求解？如何影响求解？

专家系统解决问题所达到的目标是什么？

解决问题需要哪些资源（包括知识源、时间、设备、经费等）？

2．概念化阶段

在确定阶段已经提出了有关专家系统问题的关键概念和关系。在概念化阶段，要以更直接的方式对上述概念和关系进行描述和说明。通常知识工程师可以利用框图的形式，更形象、更准确地阐述这些概念和相互关系。在概念化阶段，主要解决以下问题：

什么类型的数据可以利用？

哪些数据可以直接给出？哪些数据需要推导得出？

子任务及子任务的采用策略（如是否有名字）是否具有可识别的假设？这些假设是否常用？是否为不完全假设？这些假设包括什么？

在研究领域中，对象是如何损失的？

能否画出专家系统的层次结构图，并标出因果关系、集合包含的内容、部分与整体等关系？它们具有何种形式？

在问题求解中涉及哪些过程？它们的约束条件是什么？

专家系统的信息流是什么？

能否把解答问题所需要的知识与验证问题解答的知识进行区别和分离？

在概念化阶段，需要知识工程师与专家进行密切配合、反复磋商，因此，需要消耗大量时间，这是知识获取的重要阶段。在此阶段，要经过多次、反复的验证与修改，需要把领域专家所研究的对象、概念及其相互关系说明或表示清楚，并将信息流向表达清楚，这相当于将知识从知识源中抽取出来。

在概念化阶段，应该建立一个用文字描述的专家系统，包括知识库和推理机等。

3．形式化阶段

形式化阶段的任务如下：选择合适的知识表示模式，把概念化阶段分离出来的重要概念、子问题及信息流特征等图形更加正式地表示出来；明确问题求解过程的基本推理策略与推理方式；理解专家系统问题领域的数据性质，包括数据获取方式、数据的精确程度、数据的一致性程度和数据的完备程度；确定专家系统的数据结构。

4．实现阶段

实现阶段的主要任务如下：把形式化表示的知识，用系统可直接理解的表示形式或语言形式具体描述出来，并用这种描述定义具体的信息流和控制流，使之达到可执行的程度，从而产生原型系统。在该阶段，有可能发现形式化阶段所确定的推理模式、知识表示和数据结构相互间不匹配，因此需要知识工程师与专家配合，消除整体上的不一致性。

5．测试阶段

原型系统生成后，为了检测系统的性能及系统赖以实现的表示方法，应通过不同的实例来测试专家系统的知识库和推理机的弱点。有经验的知识工程师会从专家那里获得一些问题。这些问题可能是对系统性能的挑战（对系统性能的改进意见），将彻底暴露系统的严重缺点和错误。通常，导致系统性能方面问题的主要因素有输入/输出特征、推理规则、控制策略、测试实例。

6．修改和完善阶段

在建立专家系统的过程中，修改和完善是必要的，包括概念的重新陈述、表示的重新设计、原型系统的精炼。对于原型系统的精炼，常常贯穿于实现和测试阶段，以协调或校正规则及其控制结构，直至达到期望的运行结果。一旦专家系统的推理作用域稳定了，修改的结果应该在性能上收敛。否则，就需要知识工程师对知识库进行比较重大的修改。

若系统由于表示的选择产生某些故障，则这种选择需要重新考虑，并做出改变。这就是"重新设计"。需要采用新的表示，并返回到形式化阶段。若问题根源在于概念化阶段或确定阶段的错误，则知识工程师需要从知识获取的第一阶段开始，改正在概念、关系和过程的抽取和描述方面所产生的错误。

以上知识获取的各阶段都离不开知识工程师和领域专家的密切合作。

2.3.3　知识获取的辅助工具

知识获取须完成以下三个主要任务：向系统输入知识，去除错误的知识，测试、评估、修改知识。目前，知识获取的辅助工具大致可分为以下三类。

1．知识库编辑程序

知识库编辑程序作为一种知识获取的辅助工具，一方面能够简化向系统输入知识的任务，另一方面可减少出错的机会。

知识库编辑程序应具有以下功能。

（1）提供一个精心设计的用户接口，使某些记录功能实现自动化。关于问题实例、知识发展史、系统运行史等多方面的记录数据，对于分析系统性能、评价知识库、扩充和完善知识库及实现知识库管理是非常有用的。所谓记录功能，就是把上述数据分门别类地记录。

（2）帮助用户检查输入或语法上的错误。一般专家系统会提供一种系统开发语言辅助工具，该工具能够理解这种语言，并且提供面向语法的提示或输入错误提示。

（3）检查知识库中最新引进的事实与当前信息之间语义上的不一致性。语义检查要比语法检查困难，一些复杂的编辑程序才具有这种功能。它需要一个关于表示语言的精确定义的语义，并且对知识按层次结构进行组织。

（4）提供良好的用户接口，使用户能方便地看到知识库中的信息。

2．解释机构

为了帮助领域专家或知识工程师加工、改进系统的知识库，专家系统应具备说明或显示问题求解推进过程的能力。这种说明或显示将提示领域专家或知识工程师用具体的步骤对知识库进行修改。

解释机构中，经常采用的技术是给系统建立一个专门的测试跟踪程序。它能逐步跟踪系统的整个推理过程，在推理结束之后，还能再现已完毕的推理过程。这样有利于领域专家或知识工程师把注意力集中在关键性的假设和推理规则上，有助于系统在知识获取过程中的知识测试与修改。

解释机构一般都具有向用户询问和接受用户提问，并负责解释说明的功能。这样，用户可通过提问来检查系统的推理，理解系统的当前运行状态，随时掌握知识的运用情况，并正确回答系统的询问。

3．知识库修改工具

一旦通过解释机构确定了知识库的错误，领域专家或知识工程师就会提出一组可能的修改意见，并进行修改。在知识库的修改过程中，还必须防止新的错误产生。语义一致性检查有助于发现新的修改与知识库中存储的知识之间的不一致性。自动测试是通过大量的例子，确定修改的综合结果。在各种可能的修改中，能获得最佳系统性能的修改将被系统最终接受。此外，自动测试还能指出知识库中那些最薄弱且需要修改的部分。

2.3.4 知识库管理

在专家系统投入使用后，还需要对知识进行组织、管理和维护，即知识库管理，具体包括：

① 知识的分类、知识的组织和存储、知识的检索、知识的扩充。

② 知识的删除、知识的修改、知识的复制和转储。

③ 知识的一致性、完整性、冗余性检查。

1．知识库管理的技术术语

（1）知识的分类——将知识库中的知识调整为有序序列，或按语义相近程度归类分块存储。目的：便于知识的组织与记忆，也便于知识的检索与维护。

（2）知识的检索——在知识库中寻找一个或多个"特定"的知识。

（3）知识的一致性——知识库中已有的知识不相互矛盾。当加入新知识或修改旧知识时，要保持知识的一致性，称为一致性维护。

（4）知识的完整性——知识应满足预先约定的完整性约束，如阈值、逻辑关系、表示范围（不溢出）等。

（5）知识的冗余性——将一个知识从知识库或某个知识集合中删除后，该知识库或知识集合既不缩小也不扩大，即删除前后所衍生的知识集合相等。

（6）知识库——经过分类组织的若干知识构成的集合。

2．知识库的组织原则

知识库中知识的物理组织依赖于知识的表示模式，其基本原则如下。

（1）专家系统中知识库与推理机相互独立的原则。知识库的组织应确保今后知识库与推理机相互独立，不会由于知识库内部组织方式的改变而引起推理机大的改动。

（2）便于知识扩充、维护与修改的原则。

（3）便于知识的运用和输入/输出操作的原则。

（4）便于在系统中采用多种知识表示模式的原则。

（5）便于知识一致性、完整性、冗余性的检查与维护原则。

（6）便于知识的检索与匹配，充分考虑知识运用和处理效率的原则。

（7）尽量节省知识库占用空间的原则。

3．知识库管理系统的功能

知识库管理系统应具有以下功能。

（1）知识库的建立与撤销。

（2）知识的增加、插入、删除、修改和检索。

（3）知识的一致性、完整性、冗余性检查与维护。当知识库的状态发生变化时，应能自动进行检查，并将检查结果及时告知用户。

（4）提供友好的输出方式，以直接的、易于理解的方式，输出指定的知识。

（5）提供用于知识管理与控制的知识字典。

（6）知识库分块交换功能。对于大型知识库，采用分块交换，可减轻内存空间的压力，也可以提高知识运用和处理的效率。

（7）知识库的重组。

知识库运行较长时间后，由于不断扩充、删除、修改知识，使知识的物理组织变差，从而影响知识库的存储空间、运行效率和存取效率。这时就需要重组知识库，即修改知识表示模式，并重新组织原始知识，以适应新的结构和变化。因此，知识库重组是对专家系统知识库很重要的一项维护功能。

（8）知识库的安全与保密。

知识库的安全与保密措施只能预防事故，不能杜绝事故。一旦系统出现故障，知识库管理系统必须采取强有力的应急措施，把知识库恢复到出错前的状态。

知识库故障恢复及是否有效是专家系统性能的一个重要方面，有以下两种知识库故障恢复技术。

① 轻微故障恢复。

若仅是知识库结构信息受到破坏，知识条目仍是正确的，则可把知识库的知识按物理次序转储，然后重新生成知识库，再把知识条目复制回原处，从而使知识库恢复。

② 简单恢复。

条件：具有知识库记录机构（或日志）。

任务：自动记录有关问题实例、知识库发展过程、系统运行过程等方面数据，并建立系统自身行为史的数据库。

用户定期把知识库转储作为后援副本。当出现故障需要恢复时，把后援副本复制回来，使知识库恢复到转储时的状态。

在实际开发专家系统时，知识工程师可根据问题领域知识的特点，增加或删除一些功能，使所开发的系统更加符合实际需要。

2.4 专家系统

专家系统是一类具有专门知识和经验的计算机智能程序系统，通过对人类专家的问题求解能力的建模，采用人工智能中的知识表示和知识推理技术来模拟通常由专家才能解决的复杂问题，达到具有与专家同等解决问题能力的水平。这种基于知识的系统设计方法是以知识库和推理机为中心而展开的，即专家系统=知识库+推理机。

专家系统把知识从系统中分离出来。它强调的是知识而不是方法。很多问题没有基于算法的解决方案，或算法方案太复杂，采用专家系统，可以利用人类专家丰富的知识，因此专家系统也称基于知识的系统（Knowledge-Based System）。

建立一个专家系统的过程可以称为"知识工程"，它将软件工程的思想用于设计基于知识的系统。知识工程包括下面几个方面：

（1）从专家那里获取系统所用的知识（知识获取）；

（2）选择合适的知识表示形式（知识表示）；

（3）进行软件设计；

（4）以合适的计算机编程语言实现。

2.4.1　专家系统概述

1．专家系统的定义

专家系统（Expert System）亦称专家咨询系统，它是一种智能计算机（软件）系统。顾名思义，专家系统就是能像人类专家一样解决困难、复杂的实际问题的计算机（软件）系统。我们知道"专家"就是某一专门领域的行家。专家之所以是专家，是因为他（她）解决问题时具有超凡的能力和水平。专家之所以具有超凡的能力和水平，是因为：专家拥有丰富的专业知识和实践经验；专家具有独特的思维方式，即独特的分析问题和解决问题的方法和策略。专家系统应该满足以下四个条件：

（1）应用于某专门领域；

（2）拥有专家级知识；

（3）能模拟专家的思维；

（4）能达到专家级水平。

2．专家系统的特点

同一般的计算机应用系统（如数值计算、数据处理系统等）相比，专家系统具有下列特点：

（1）从处理的问题性质看，专家系统善于解决那些不确定、非结构化、没有算法解或虽有算法解但在现有的机器上无法实施的困难问题。

（2）从处理问题的方法看，专家系统是靠知识和推理来解决问题的（不像传统软件系统使用固定的算法来解决问题），所以，专家系统是基于知识的智能问题求解系统。

（3）从系统的结构来看，专家系统强调知识与推理的分离，因而系统具有很好的灵活性和可扩充性。

（4）专家系统一般还具有解释功能，即在运行过程中一方面能回答用户提出的问题，另一方面能对最后的输出（结论）或处理问题的过程做出解释。

（5）有些专家系统还具有"自学习"能力，即不断对自己的知识进行扩充、完善和提炼。这一点是传统系统所无法比拟的。

（6）专家系统不像人那样容易疲劳、遗忘，易受环境、情绪等的影响，它可始终如一地以专家级的高水平求解问题。

3．专家系统的类型

1）按用途分类

按用途分类，专家系统可分为诊断型、解释型、预测型、决策型、设计型、规划型、控制型、调度型等。

2）按输出结果分类

按输出结果分类，专家系统可分为分析型和设计型。

3）按知识表示分类

目前所用的知识表示形式有产生式规则、一阶谓词逻辑、框架、语义网络等。

4）按知识分类

知识可分为确定性知识和不确定性知识，所以，按知识分类，专家系统可分为精确推理型和不精确推理型（如模糊专家系统）。

5）按技术分类

按采用的技术分类，专家系统可分为符号推理专家系统和神经网络专家系统。

6）按规模分类

按规模分类，专家系统可分为大型协同式专家系统和微专家系统。

7）按结构分类

按结构分类，专家系统可分为集中式和分布式、单机型和网络型（网上专家系统）。

4．专家系统与知识系统

我们知道，专家系统能有效地解决问题的主要原因在于它拥有知识，因为"知识就是力量"。专家系统拥有的知识是专家知识，而且主要是经验性知识。近年来，由专家系统发展起来的一种被称为知识系统的智能系统，其中的知识已不限于人类专家的经验性知识，还包括领域知识或通过机器学习所获得的知识等。所以，对于这种广义的知识系统来说，专家系统就是一种特殊的知识系统。狭义地讲，专家系统就是人类专家智慧的副本，是人类专家的化身。广义地讲，专家系统泛指那些具有"专家级"水平的知识系统。

5．专家系统与知识工程

由于专家系统是基于知识的系统，因此，建立专家系统就涉及知识获取、知识表示、知识的组织与管理、知识的利用等一系列关于知识处理的技术和方法。专家系统促进了知识工程的诞生和发展，知识工程又是为专家系统服务的。正是由于这二者的密切关系，所以，现在"专家系统"与"知识工程"几乎已成为同义词。

6．专家系统与人工智能

专家系统是智能计算机系统。从学科范畴讲，专家系统属于人工智能的一个分支，而且是应用性最强、应用范围最广的一个重要分支。所以，现在"专家系统"这一名词既是系统名称，又是学科名称。专家系统已是当前计算机应用的一个热门研究方向。

2.4.2 专家系统的结构

专家系统是一种计算机应用系统。由于应用领域和实际问题的多样性，专家系统的结构也多种多样。

1．概念结构

从概念来讲，一个专家系统应具有如图 2.14 所示的一般结构。其中，知识库和推理机是两个最基本的模块。

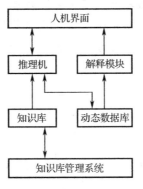

图 2.14　专家系统的结构

1）知识库（Knowledge Base）

所谓知识库，就是以某种表示形式存储于计算机中的知识的集合。知识库通常以一个个文件的形式存放于外部介质上，专家系统运行时被调入内存。知识库中的知识一般包括专家知识、领域知识和元知识。元知识是关于调度和管理的知识。

2）推理机（Inferense Engine）

所谓推理机，就是实现（机器）推理的程序，是使用知识库中的知识进行推理而解决问题的。所以，推理机也就是专家的思维机制，即专家分析问题、解决问题的方法的一种算法表示和机器实现。这里的推理，是一个广义的概念，它既包括通常的逻辑推理，也包括基于产生式的操作。

3）动态数据库

动态数据库也称全局数据库、综合数据库、工作存储器、黑板等，它是存放初始证据事实、推理结果和控制信息的场所，或者说它是上述各种数据构成的集合。

4）人机界面

这里的人机界面指的是最终用户与专家系统的交互界面。

5）解释模块

解释模块专门负责向用户解释专家系统的行为和结果。

6）知识库管理系统

知识库管理系统是知识库的支撑软件。知识库管理系统对知识库的作用，类似于数据库管理系统对数据库的作用，其功能包括知识库的建立、删除、重组；知识的获取（主要指录入和编辑）、维护、查询、更新；对知识的检查，包括一致性、冗余性和完整性检查等。

2．实际结构

上面介绍的专家系统结构，是专家系统的概念模型，或者说是只强调知识和推理这一主要特征的专家系统结构。但专家系统终究是一种计算机应用系统，所以，它与其他应用系统一样是解决实际问题的。而实际问题往往是错综复杂的，比如，可能需要多次推理、多路推理或多层推理才能解决，而知识库也可能是多块或多层的。

给通常的各种应用系统添上专家模块就是专家系统。专家系统的实际结构示例如图 2.15 所示。

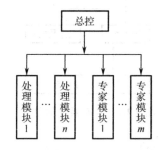

图 2.15　专家系统的实际结构示例

3．网络结构

在网络环境下，专家系统也可以设计成网络结构，如客户-服务器（Client/Server）结构或浏览器/服务器（Browser/Server）结构（图 2.16）。我们称后一种结构的专家系统为网上专家系统。

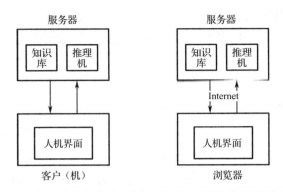

图 2.16 专家系统的客户-服务器结构及浏览器/服务器结构

2.4.3 专家系统的工作原理

一般的专家系统是通过推理机与知识库和综合数据库的交互作用来求解领域问题的，其大致过程如下：

（1）根据用户的问题对知识库进行搜索，寻找有关的知识（匹配）；

（2）根据有关的知识和系统的控制策略形成解决问题的途径，从而构成一个假设方案集合；

（3）对假设方案集合进行排序，并挑选其中在某些准则下为最优的假设方案（冲突解决）；

（4）根据挑选的假设方案去求解具体问题（执行）；

（5）如果该方案不能真正解决问题，则回溯到假设方案序列中的下一个假设方案，重复求解问题；

（6）循环执行上述过程，直到问题被解决或所有可能的求解方案都不能解决问题而宣告"无解"为止。

知识工程是一个浩大的人工智能系统工程，知识的获取、知识的表示和知识的运用是它最为重要的三大部分。它和知识管理结合起来将对人类社会的进步做出巨大的贡献。

习题

1．有如下语句，请用相应的谓词公式分别把它们表示出来。

（1）有的人喜欢梅花，有的人喜欢菊花，有的人既喜欢梅花又喜欢菊花。

（2）新型计算机速度快，存储容量大。

（3）不是每个计算机系的学生都喜欢在计算机上编程序。

（4）凡是喜欢编程序的人都喜欢计算机。

2．产生式系统由哪几部分组成？各部分的作用是什么？

3．用语义网络表示下列事实，并说明包含哪些基本的语义关系。

山西大学是一所具有百年历史的综合性大学，位于太原市笔直宽广的坞城路。张广义同志今年 36 岁，男性，中等身材，他在山西大学工作。

4．用语义网络表示下列知识，并说明包含哪些基本的语义关系。

猎狗是一种狗，而狗是一种动物。狗除了有生命、能吃食物、有繁殖能力、能运动，还有以下特点：身上有毛、有尾巴、四条腿。猎狗的特点是吃肉、个头大、奔跑速度快、能狩猎。狮子狗也是一种狗，它的特点是吃饲料、身体小、奔跑速度慢、不咬人、供观赏。

第3章　确定性和不确定性推理

前面我们讨论了如何把知识用某种方式表示出来，并且存放到计算机中进行处理。然而，如果要使计算机能够灵活地处理这些知识就必须使计算机具有智能，并且计算机还要有一定的自我思维能力。

本章将要讨论的推理实际上就是使计算机具有智能和自我思维能力的一种重要的求解问题的方法。推理的这种重要性使推理成为人工智能的重要研究领域。本章讨论的推理包含确定性推理和不确定性推理，首先将讨论二者的一些基本概念，然后重点介绍和讨论确定性推理（又称经典逻辑推理）中的几种推理，如自然演绎推理、归结（归纳）演绎推理和与/或形演绎推理等，以及不确定性推理的一些重要理论和方法，如可信度方法、证据理论和模糊推理方法等。

3.1　概述

众所周知，人工智能的实现是需要一些推理方法来完成的。推理方法有很多，一般将推理方法按照图 3.1 所示进行分类。由图 3.1 可知，推理方法包含确定性推理（又称经典逻辑推理）和不确定性推理（又称非经典逻辑推理）两大类。

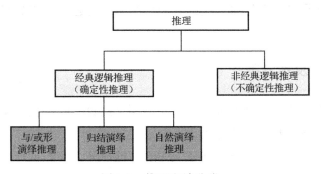

图 3.1　推理方法分类

其中，确定性推理主要有自然演绎推理、归结（归纳）演绎推理和与/或形演绎推理等。而不确定性推理使用不确定或不精确的知识作为判断依据，推出的结论并不是完全肯定的结论，也就是说不确定性推理的结论真值是位于真与假之间的，所以不确定性推理有一些重要的理论和方法作为支撑。

3.1.1 推理的定义

所谓的推理实际上就是根据已知的事实（证据）和相关的知识，利用某种策略（算法）来得到结论的过程。或者说推理是按照某种策略（算法）由已知判断推得另一个判断（结论）的思维过程。其中，已知判断包括已经掌握的与求解问题有关的事实和知识，而推理的结论就是由已知判断推得的判断（结论）。如图 3.2 所示为教学专家系统，这是一个实际的推理系统。

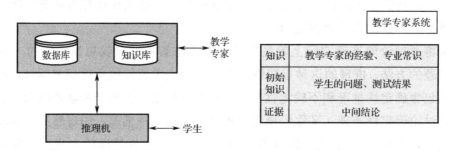

图 3.2 教学专家系统

在该教学专家系统中，学生想要通过教学专家系统来找出自己在学习中未掌握的问题时，需要先描述其学习过程存在的问题或者出现的错误，并根据相关知识点的专业测试（考试）结果通过教学专家系统的诊断得出结论（新的判断）。

其中，学生找自身学习问题的结论的得出是通过推理机实现的，推理机就是实现推理的算法程序。推理机的推理依据（程序设计和判断依据）是知识库和数据库，其中知识库是教学专家的经验、专业常识，而数据库则是已知的事实和证据，即学生的问题、专业测试结果等。学生的考试或者测试结果、问题和困惑等相关证据又称中间结论或中间判断。

3.1.2 推理方式及其分类

推理实际上就是从一种判断推得另一种判断（结论）的过程。推理有很多种分类方式，一般按照以下几种方式来分类。

（1）按照判断所推出的途径来划分，一般将推理分为演绎推理、默认推理、归结（归纳）推理。

（2）按照推理时所用知识的确定性来划分，一般将推理分为确定性推理（经典逻辑推理）和不确定性推理（非经典逻辑推理）。

（3）按照推理过程中推出的结论是否具有单调增加的特性，一般将推理分为单调推理和非单调推理。

演绎推理：从全称判断推导出特称判断或单称判断的过程。一般我们称之为三段论式演绎推理法，即从一般到个别的推理方法。

所谓的三段论式演绎推理法包含以下三个要素。

（1）大前提：指已知的一般性知识或假设。

（2）小前提：指关于所研究的具体情况或个别事实的判断。

（3）结论：指由大前提推出的适合于小前提情况的新判断。

例如：NBA 篮球运动员的身体都是强壮的（大前提）；詹姆斯·哈登是一名 NBA 篮球运动员（小前提）；所以，得到詹姆斯·哈登的身体是强壮的（结论）。这是一个根据大前提和小前提得出结论的三段论式演绎推理（图 3.3），也是一个从一般到个别的推理过程。在任何情况下，由演绎推导出的结论都蕴涵在大前提的一般性知识中，只要大前提和小前提是正确的，则由它们推出的结论必然是正确的。

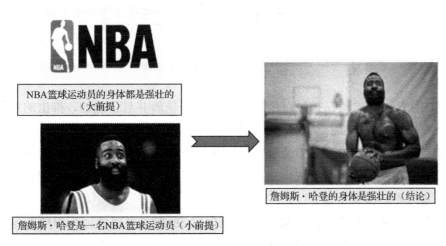

图 3.3 三段论式演绎推理

归结（归纳）推理：就是从足够多的事例中归纳出一般性结论的推理过程，也是一种从个别到一般的推理过程。归纳推理分为完全归纳推理和不完全归纳推理。其中，完全归纳推理指的是在进行归纳推理时对相应事物的全部对象进行了研究考察，并且根据所考察的这些对象是否具有某种属性，来推得这个事物是否具有这个属性。相应地，不完全归纳推理在推理时只研究和考察了部分对象就做出了判断或者推得了结论。

其中，完全归纳推理实际上是一种必然性推理，而不完全归纳推理实际上是一种非必然性推理。例如，检验某医药公司生产的某种药品是否合格，如图 3.4 所示。

图 3.4 检验某医药公司生产的某种药品是否合格

默认推理（又称缺省推理）：实际上是在所具备的知识不完全的情况下，假设其中的某些条件已经具备而进行的一种推理过程。默认推理实际上摆脱了在推理过程中需要知道全部事实的需求，从而使得在所得知识不完全的情况下也能进行推理。这样的推理所推得的结论并不一定完全正确。比如，C 结论的得出需要满足 A 条件和 B 条件都成立，但是在只有 A 成立而 B 不知道是否成立的情况下默认 B 成立（实际上B 不一定成立）来得到 C 结论，所以这种默认推理又称缺省推理。

例如：制造水箱（A），水要能流入流出（B 默认成立），水箱要有出/入水口（C 结论），如图 3.5 所示。

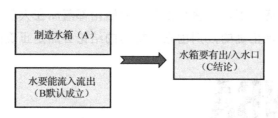

图 3.5　默认推理示例

确定性推理：指的是在推理时所用的知识都是精确并且正确的，推出的结论也是确定、正确的，其真值要么为真，要么为假，不可能出现第三种可能。

不确定性推理：指的是在推理时所用的知识不都是精确的，或者说所用的知识具有一定的不确定性，由此作为依据所推得的结论也不完全是肯定的，真值位于真与假之间，命题的外延模糊不清。

单调推理（又称基于经典逻辑的演绎推理）：是指在推理的过程中随着推理的不断向前及补充加入一些新的知识作为依据，使得所推得的结论呈单调增加的趋势，并且所得的结论越来越接近最终目标，在整个推理过程中不出现反复的情况。

非单调推理（默认推理是非单调推理）：和单调推理相反，是指在整个推理过程中，由于补充加入了新的知识，不仅没有加强（单调增加）已推得的结论，反而否定了所推得的结论，使得推理退回到整个推理过程中前面的某一步重新开始。

3.1.3　推理方向

推理过程实际上是一个思维过程，即求解问题的过程，推理过程中必然涉及推理的方向。按推理方向一般分为正向推理、逆向推理（反向推理）、双向推理和混合推理，如图 3.6 所示。

正向推理（事实驱动推理）：是一个由已知事实得到结论的推理过程，即以已知事实作为出发点的一种推理，又称数据驱动推理、前向链推理、模式制导推理及前件推理，如图 3.7 所示。

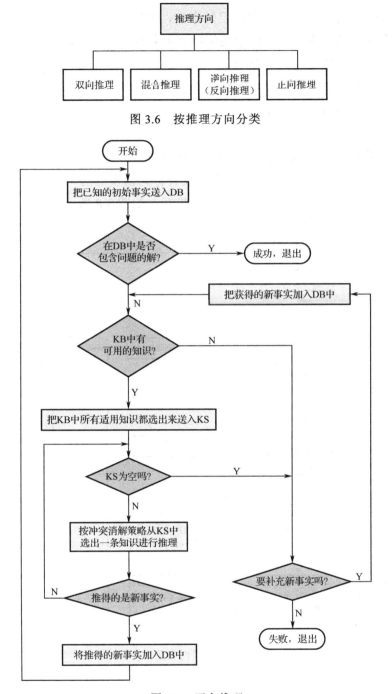

图 3.6　按推理方向分类

图 3.7　正向推理

正向推理的基本思想是：

（1）从初始已知事实出发，在知识库（KB）中找出当前可适用的知识，构成可适用知识集（KS）；

（2）按某种冲突消解策略从 KS 中选出一条知识进行推理，并将推出的新事实加入数据库（DB）中作为下一步推理的已知事实，再在 KB 中选取可适用知识构成 KS；

（3）重复第 2 步，直到求得问题的解或 KB 中再无可用的知识。

实现正向推理需要解决的问题如下。

（1）确定匹配（知识与已知事实）的方法。

（2）按什么策略搜索知识库。

（3）冲突消解策略。

正向推理的特点是推理简单、易实现，但目的性不强、效率低。

逆向推理（目标驱动推理）：以某个假设目标为出发点的一种推理，又称目标驱动推理、逆向链推理、目标制导推理及后件推理，如图 3.8 所示。

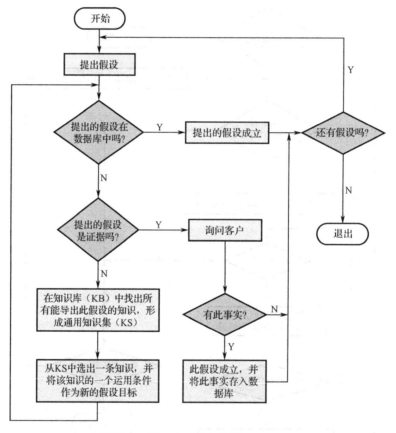

图 3.8　逆向推理

逆向推理的基本思想如下。

（1）选定一个假设目标。

（2）寻找支持该假设的证据，若所需的证据都能找到，则原假设成立；若无论如何都找不到所需要的证据，说明原假设不成立，为此需要另做假设。

逆向推理的主要优点：不必使用与目标无关的知识，目的性强，同时有利于向用户提供解释。

逆向推理的主要缺点：起始目标的选择有一定的盲目性。

逆向推理需要解决的主要问题：

（1）如何判断一个假设是不是证据？

（2）当导出假设的知识有多条时，如何确定先选哪一条？

（3）一条知识的运用条件一般都有多个，当其中的一个经验证成立后，如何自动地换为对另一个的验证？

混合推理：一般是在已知的事实不充分的情况下，通过正向推理先把其运用条件不能完全匹配的知识都找出来，并把这些知识可导出的结论作为假设，然后分别对这些假设进行逆向推理。

混合推理一般包含先正向后逆向推理和先逆向后正向推理（图 3.9）。先正向后逆向推理是指通过正向推理，即从已知事实演绎出部分结果，再用逆向推理证实该目标或提高其可信度。先逆向后正向推理是指先假设一个目标进行逆向推理，再利用逆向推理中得到的信息进行正向推理，以推出更多的结论。

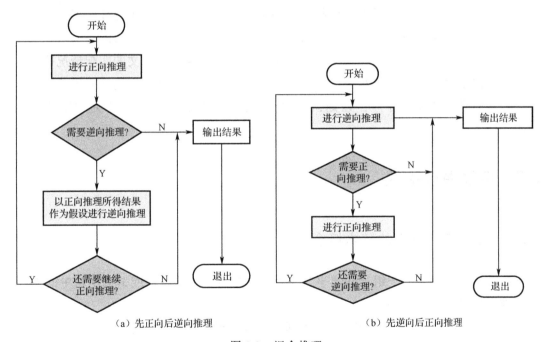

（a）先正向后逆向推理　　　（b）先逆向后正向推理

图 3.9　混合推理

双向推理：是指正向推理与逆向推理同时进行，并且在推理过程中的某一步骤上"碰头"的一种推理。正向推理所得的中间结论恰好是逆向推理此时要求的证据。

3.1.4　冲突消解策略

在推理过程中，匹配会出现三种情况：

（1）不能匹配成功，即已知事实不能与知识库中的任何知识匹配成功；

（2）恰好匹配成功（一对一），即已知事实恰好只与知识库中的一个知识匹配成功；

（3）多种匹配成功（一对多、多对一、多对多），即已知事实可与知识库中的多个知识匹配成功，或者有多个（组）已知事实都可与知识库中某一知识匹配成功，或者有多个（组）已知事实可与知识库中的多个知识匹配成功。

出现冲突的情况如下。

正向推理：有多条产生式规则的前件都和已知的事实匹配成功，或者有多组不同的已知事实都与同一条产生式规则的前件匹配成功，或者两种情况同时出现。

逆向推理：有多条产生式规则的后件都和同一假设匹配成功，或者有多条产生式规则的后件可与多个假设匹配成功。

多种冲突消解策略如下。

（1）按就近原则排序：该策略对最近被使用过的规则赋予较高的优先级。

（2）按已知事实的新鲜性排序：后生成的事实比先生成的事实具有较高的优先级。

（3）按匹配度排序：根据匹配程度来决定哪一个产生式规则优先被应用。

（4）按领域问题特点排序：按照求解问题领域的特点将知识排成固定的次序。

（5）按上下文限制排序：根据当前数据库的已知事实与上下文的匹配情况确定。

（6）按条件个数排序：对条件少的规则赋予较高的优先级，优先被启用。

（7）按规则的次序排序：以知识库中预先存入规则的排列顺序作为知识排序的依据。

3.2 自然演绎推理

3.2.1 自然演绎推理的基本概念

自然演绎推理是从一组已知的事实出发，直接运用命题逻辑或谓词逻辑中的推理规则推出结论的过程。

推理规则：P规则、T规则、CP规则、假言推理、拒取式推理。

P规则：在推理的任何步骤中都可引入前提。

T规则：推理时，如果前面步骤中有一个或多个永真蕴涵公式S，则可把S引入推理过程中。

CP规则：如果能从R和前提集合中推出S来，则可从前提集合推出$R \to S$来。

假言三段论的基本形式为

$$P \to Q, \ Q \to R \Rightarrow P \to R$$

它表示如果谓词公式$P \to Q$和$Q \to R$均为真，则谓词公式$P \to R$也为真。

假言推理可用下列形式表示：

$$P，P{\rightarrow}Q \Rightarrow Q$$

它表示如果谓词公式 P 和 P→Q 都为真，则可推得 Q 为真的结论。

拒取式推理的一般形式为

$$P{\rightarrow}Q，\neg Q \Rightarrow \neg P$$

它表示如果谓词公式 P→Q 为真且 Q 为假，则可推得 P 为假的结论。

假言推理："如果 A 是金属，则 A 能导电"，由"铁是金属"推出"铁能导电"。

拒取式推理："如果下雨，则地上就湿"，由"地上不湿"推出"没有下雨"。

3.2.2　利用自然演绎推理解决问题

在利用自然演绎推理方法求解问题时，一定要注意避免产生以下两类错误。

（1）肯定后件（Q）的错误（肯定后件：P→Q，Q 不能⇒P）：希望通过肯定后件 Q 推出前件 P 为真。这显然是错误的推理逻辑，因为当 P→Q 及 Q 为真时，前件 P 既可能为真，也可能为假。

（2）否定前件（P）的错误（否定前件：P→Q，¬P 不能⇒¬Q）：希望通过否定前件 P 推出后件 Q 为假。这显然也是错误的推理逻辑，因为当 P→Q 及 P 为假时，后件 Q 既可能为真，也可能为假。

错误 1：否定前件，P→Q，¬P 不能⇒¬Q。

（1）如果下雨，则地上是湿的（P→Q）；

（2）没有下雨（¬P）；

（3）所以，地上不湿（¬Q）。

错误 2：肯定后件，P→Q，Q 不能⇒P。

（1）如果行星系统以太阳为中心，则木星会显示出位相变化（P→Q）；

（2）木星显示出位相变化（Q）；

（3）所以，行星系统以太阳为中心（P）。

例 3.1　已知事实：

（1）凡是容易的课程小宋（Song）都喜欢；

（2）物联网班（A 班）的课程都是容易的；

（3）JAVA 是物联网班的一门课程。

求证：小宋喜欢 JAVA 这门课程。

证明：

定义谓词。

EASY (x)：x 是容易的。

LIKE (y, x)：y 喜欢 x。

A(x)：x 是物联网班（A 班）的一门课程。

用谓词公式表示已知事实和结论：

$(\forall x)$ (EASY (x)→LIKE (Song, x))

$(\forall x)$ (A(x)→EASY (x))

A (JAVA)

LIKE (Song, JAVA)

应用推理规则进行推理：

$(\forall x)$ (EASY (x)→LIKE (Song, x))

$\Rightarrow$ EASY (z)→LIKE (Song, z)——全称固化

$(\forall x)$ (A(x)→EASY (x))

$\Rightarrow$ A(x)→EASY (x)——全称固化

所以 A (JAVA), C (y)→EASY (y)

$\Rightarrow$ EASY (JAVA)——P 规则及假言推理

所以 EASY (JAVA), EASY (z)→LIKE (Song, z)

$\Rightarrow$ LIKE (Song, x)——T 规则及假言推理

例 3.2 已知事实：

（1）只要是需要在操场活动的课，郝建都喜欢；

（2）所有的体育类课程都是需要在操场活动的课；

（3）足球是一门体育类课程。

求证：郝建喜欢足球这门课。

证明：

（1）首先定义谓词及常量。

Outdoor(x)：x 是需要在操场活动的课。

Like(x,y)：x 喜欢 y。

Sport(x)：x 是一门体育类课程。

Hao：郝建。

Ball：足球。

（2）用谓词公式描述事实和待求解的问题。

① Outdoor(x)→Like(x,y)

② $(\forall x)$Sport(x)→Outdoor(x)

③ Sport(Ball)

待求证问题：Like(Hao,Ball)

（3）应用推理规则进行推理。

$(\forall x)$Sport(x)→Outdoor(x)

利用全称固化规则：Sport(y)→Outdoor(y)

Sport(Ball), Sport(y)→Outdoor(y) ⇒ Outdoor(Ball)

Outdoor(Ball), Outdoor(x)→Like(Hao,x) ⇒Like(Hao,Ball)

自然演绎推理的优点：表达定理证明过程自然，易理解；拥有丰富的推理规则，推理过程灵活，便于嵌入领域启发式知识。

自然演绎推理的缺点：容易产生组合爆炸，推理过程中得到的中间结论一般呈指数形式递增；不利于复杂问题的推理，甚至难以实现。

3.3　归结演绎推理

研究用计算机实现定理证明的机械化，已是人工智能研究的一个重要领域。对于定理证明问题，如果用一阶谓词逻辑表示的话，就是要求对前提 P 和结论 Q 证明 P →Q 是永真的。然而，要证明这个谓词公式的永真性，必须对所有个体域上的每一个解释进行验证，这是极其困难的。

为了化简问题，和数学上常采用的方法一样，我们考虑反证法。即我们先否定逻辑结论 Q，再由否定后的逻辑结论 ¬Q 及前提条件 P 出发推出矛盾，即可证明原问题（P→Q 的永真问题转换为：P∧ ¬Q 是不可满足的）。

3.3.1　谓词公式与子句集

1. 范式（谓词验算公式的范式）

前束型范式：一个谓词公式，如果它的所有量词均非否定地出现在公式的最前面，且它的辖域一直延伸到公式之末，同时公式中不出现连接词→及↔，则这种形式的公式称为前束型范式。例如，公式$(\forall x)(\exists y)(\forall z)(P(x)\wedge F(y,z)\wedge Q(y,z))$是一个前束型范式。

斯克林范式：从前束型范式中消去全部存在量词所得到的公式即斯克林范式，或称斯克林标准型。例如，如果用 f(x)代替上面前束型范式中的 y 即得到斯克林范式：$(\forall x)(\forall z)(P(x)\wedge F(f(x),z)\wedge Q(f(x),z))$。斯克林标准型的一般形式是$(\forall x_1)(\forall x_2)\cdots(\forall x_n)$ $M(x_1,x_2,\cdots,x_n)$，其中，$M(x_1,x_2,\cdots,x_n)$是一个合取范式，称为斯克林标准型的母式。

将谓词公式 G 化为斯克林标准型的步骤如下。

（1）消去谓词公式 G 中的蕴涵（→）和双条件符号（↔），以¬A∨B 代替 A→B，以(A∧B)∨(¬A∧ ¬B)替换 A↔B。

（2）缩小否定符号（¬）的辖域，使否定符号（¬）最多只作用到一个谓词上。

（3）重新命名变元名，使所有的变元名均不同，并且自由变元及约束变元也不同。

（4）消去存在量词。这里分两种情况，一种情况是存在量词不出现在全称量词的辖域内，此时，只要用一个新的个体常量替换该存在量词约束的变元，就可以消去存在量词；另一种情况是，存在量词位于一个或多个全称量词的辖域内，这时需要用一个斯克林函数替换存在量词而将其消去。

（5）把全称量词全部移到公式的左边，并使每个量词的辖域包括这个量词后面公式的整个部分。

（6）将母式化为合取范式：任何母式都可以写成由一些谓词公式和谓词公式否定的析取的有限集组成的合取。

例3.3　将谓词公式 $G=(\forall x)((\forall y)P(x,y)\rightarrow\neg(\forall y)(Q(x,y)\rightarrow R(x,y)))$ 化为斯克林标准型。

解：

① 取消 → 和 ↔：$(\forall x)(\neg(\forall y)P(x,y)\vee\neg(\forall y)(\neg Q(x,y)\vee R(x,y)))$

② 缩小 ¬ 的辖域：$(\forall x)((\exists y)\neg P(x,y)\vee(\exists y)(Q(x,y)\wedge\neg R(x,y)))$

③ 重新命名变元：$(\forall x)((\exists y)\neg P(x,y)\vee(\exists z)(Q(x,z)\wedge\neg R(x,z)))$

④ 消去存在量词：$(\forall x)(\neg P(x,f_1(x))\vee(Q(x,f_2(x))\wedge\neg R(x,f_2(x))))$

⑤ 全称量词左移：$(\forall x)(\neg P(x,f_1(x))\vee(Q(x,f_2(x))\wedge\neg R(x,f_2(x))))$

⑥ 化为合取范式：分配律 $(\forall x)((\neg P(x,f_1(x))\vee(Q(x,f_2(x))\wedge((\neg P(x,f_1(x))\vee\neg R(x,f_2(x))))$

2．子句与子句集

原子（Atom）谓词公式：一个不能再分解的命题。

文字（Literal）：原子谓词公式及其否定。

P：正文字。

¬P：负文字。

子句（Clause）：任何文字的析取式。任何文字本身也都是子句 $P(x)\vee Q(x)$，$\neg P(x,f(x))\vee Q(x,g(x))$。

空子句（NIL）：不包含任何文字的子句。

子句集：由子句构成的集合空子句是永假的、不可满足的。

斯克林标准型的母式是由一些子句的合取组成的。$G=(\forall x)((\neg P(x,f_1(x))\vee Q(x,f_2(x)))\wedge(\neg P(x,f_1(x))\vee\neg R(x,f_2(x))))$ 的子句集为两个子句：$\{\neg P(x,f_1(x))\vee Q(x,f_2(x)),\neg P(x,f_1(x))\vee\neg R(x,f_2(x))\}$。

由于空子句不含任何文字，它不能被任何解释满足，所以空子句是永假的、不可满足的。

3．不可满足意义下的一致性

定理：设有谓词公式 G，若其相应的子句集为 S，则 G 是不可满足的充分必要条件是 S 是不可满足的。$G=(\forall x)((\neg P(x,f_1(x))\vee Q(x,f_2(x)))\wedge(\neg P(x,f_1(x))\vee\neg R(x,f_2(x))))$ 的子句集为 $\{\neg P(x,f_1(x))\vee Q(x,f_2(x)),\neg P(x,f_1(x))\vee\neg R(x,f_2(x))\}$。

注意：公式 G 与其子句集 S 并不等值，只是在不可满足意义下等价。

4．P＝P₁∧P₂∧…∧Pₙ 的子句集

当 $P＝P_1 \wedge P_2 \wedge \cdots \wedge P_n$ 时，若设 P 的了句集为 S_P，P_i 的子句集为 S_i，则一般情况下，S_P 并不等于 $S_1 \cup S_2 \cup S_3 \cup \cdots \cup S_n$，而是要比 $S_1 \cup S_2 \cup S_3 \cup \cdots \cup S_n$ 复杂得多。但是，在不可满足的意义下，子句集 S_P 与 $S_1 \cup S_2 \cup S_3 \cup \cdots \cup S_n$ 是一致的，即 S_P 不可满足 $\Leftrightarrow S_1 \cup S_2 \cup S_3 \cup \cdots \cup S_n$ 不可满足。

5．谓词公式化为子句集的方法

例 3.4　将下列谓词公式化为子句集。

$(\forall x)((\forall y)P(x, y) \rightarrow \neg(\forall y)(Q(x, y) \rightarrow R(x, y)))$

解：

（1）消去谓词公式中的 → 和 ↔ 符号。

$P \rightarrow Q \Leftrightarrow \neg P \vee Q, P \leftrightarrow Q \Leftrightarrow (P \wedge Q) \vee (\neg P \wedge \neg Q) \leftrightarrow (\forall x)(\neg(\forall y)P(x, y) \vee \neg(\forall y)$
$(\neg Q(x, y) \vee R(x, y)))$

（2）把否定符号 ¬ 移到紧靠谓词的位置上。

双重否定律：$\neg(\neg P) \Leftrightarrow P$

德·摩根律：$\neg(P \wedge Q) \Leftrightarrow \neg P \vee \neg Q, \neg(P \vee Q) \Leftrightarrow \neg P \wedge \neg Q$

量词转换律：$\neg(\exists x)P \Leftrightarrow (\forall x)\neg P, \neg(\forall x)P \Leftrightarrow (\exists x)\neg P$

$\leftrightarrow (\forall x)((\exists y)\neg P(x, y) \vee (\exists y)(Q(x, y) \wedge \neg R(x, y)))$

（3）变量标准化。

$(\forall x)P(x) \equiv (\forall y)P(y) \leftrightarrow (\forall x)((\exists y)\neg P(x, y) \vee (\exists z)(Q(x, z) \wedge \neg R(x, z)))$

（4）消去存在量词。

① 存在量词不出现在全称量词的辖域内。

② 存在量词出现在一个或者多个全称量词的辖域内。

对于一般情况，$(\forall x_1)((\forall x_2) \cdots ((\forall x_n)((\exists y)P(x_1, x_2, \cdots, x_n, y))) \dots)$ 存在量词 y 的斯克林函数是 $y = f(x_1, x_2, \cdots, x_n)$。斯克林化：用斯克林函数代替每个存在量词量化变量的过程。$y = f(x), z = g(x) \leftrightarrow (\forall x)(\neg P(x, f(x)) \vee (Q(x, g(x)) \wedge \neg R(x, g(x))))$。

（5）化为前束型。

前束型＝（前缀）{母式}。

（前缀）：全称量词串。

{母式}：不含量词的谓词公式。

（6）化为斯克林标准型。

斯克林标准型：$(\forall x_1)(\forall x_2) \cdots (\forall x_n)M$。M：子句的合取式，称为斯克林标准型的母式。

$P \vee (Q \wedge R) \Leftrightarrow (P \vee Q) \wedge (P \vee R)$

$P \wedge (Q \vee R) \Leftrightarrow (P \wedge Q) \vee (P \wedge R) \leftrightarrow (\forall x)((\neg P(x,f(x)) \vee Q(x,g(x))) \wedge (\neg P(x,f(x)) \vee \neg R(x,g(x))))$

（7）略去全称量词。

$\leftrightarrow (\neg P(x,f(x)) \vee Q(x,g(x))) \wedge (\neg P(x,f(x)) \vee \neg R(x,g(x)))$

（8）消去合取词。

$\leftrightarrow \{\neg P(x,f(x)) \vee Q(x,g(x)), \neg P(x,f(x)) \vee \neg R(x,g(x))\}$

（9）子句变量标准化。

$\leftrightarrow \{\neg P(x,f(x)) \vee Q(x,g(x)), \neg P(y,f(y)) \vee \neg R(y,g(y))\}$

例 3.5 将下列谓词公式化为子句集。

$(\forall x)\{[\neg P(x) \vee \neg Q(x)] \rightarrow (\exists y)[S(x,y) \wedge Q(x)]\} \wedge (\forall x)[P(x) \vee B(x)]$

解：

（1）消去蕴涵符号：

$(\forall x)\{\neg [\neg P(x) \vee \neg Q(x)] \vee (\exists y)[S(x,y) \wedge Q(x)]\} \wedge (\forall x)[P(x) \vee B(x)]$

（2）把否定符号移到每个谓词前面：

$(\forall x)\{[P(x) \vee Q(x)] \vee (\exists y)[S(x,y) \wedge Q(x)]\} \wedge (\forall x)[P(x) \vee B(x)]$

（3）变量标准化：

$(\forall x)\{[P(x) \wedge Q(x)] \vee (\exists y)[S(x,y) \wedge Q(x)]\} \wedge (\forall w)[P(w) \vee B(w)]$

（4）消去存在量词，设 y 的函数是 f(x)，则：

$(\forall x)\{[P(x) \wedge Q(x)] \vee [S(x,f(x)) \wedge Q(x)]\} \wedge (\forall w)[P(w) \vee B(w)]$

（5）化为前束型：

$(\forall x)(\forall w)\{\{[P(x) \wedge Q(x)] \vee [S(x,f(x)) \wedge Q(x)]\} \wedge [P(w) \vee B(w)]\}$

（6）化为标准型：

$(\forall x)(\forall w)\{\{[Q(x) \wedge P(x)] \vee [Q(x) \wedge S(x,f(x))]\} \wedge [P(w) \vee B(w)]\}$

$(\forall x)(\forall w)\{Q(x) \wedge [P(x) \vee S(x,f(x))] \wedge [P(w) \vee B(w)]\}$

（7）略去全称量词：

$Q(x) \wedge [P(x) \vee S(x,f(x))] \wedge [P(w) \vee B(w)]$

（8）消去合取词，把母式用子句集表示：

$\{Q(x), P(x) \vee S(x,f(x)), P(w) \vee B(w)\}$

（9）子句变量标准化：

$\{Q(x), P(y) \vee S(y,f(y)), P(w) \vee B(w)\}$

3.3.2 鲁宾逊归结原理

鲁宾逊归结原理（消解原理）的基本思想是检查子句集 S 中是否包含空子句，若包含，则 S 不可满足；若不包含，就在子句集中选择合适的子句进行归结，一旦通过归结能推出空子句集，就说明子句集 S 是不可满足的。

1．命题逻辑中的归结原理（基子句的归结）

归结定义：设 C_1 与 C_2 是子句集中的任意两个子句，如果 C_1 中的文字 L_1 与 C_2 中的文字 L_2 互补，那么从 C_1 和 C_2 中分别消去 L_1 和 L_2，并将两个子句中余下的部分析取，构成一个新子句 C_{12}。

定理：归结式 C_{12} 是其亲本子句 C_1 与 C_2 的逻辑结论。即如果 C_1 与 C_2 为真，则 C_{12} 为真。

推论 1：设 C_1 与 C_2 是子句集 S 中的两个子句，C_{12} 是它们的归结式，若用 C_{12} 代替 C_1 与 C_2 后得到新子句集 S_1，则由 S_1 不可满足性可推出原子句集 S 的不可满足性，即 S_1 的不可满足性 $\Rightarrow$ S 的不可满足性。

推论 2：设 C_1 与 C_2 是子句集 S 中的两个子句，C_{12} 是它们的归结式，若 C_{12} 加入原子句集 S，得到新子句集 S_1，则 S 与 S_1 在不可满足的意义上是等价的，即 S_1 的不可满足性 $\Leftrightarrow$ S 的不可满足性。

2．谓词逻辑中的归结原理（含有变量的子句的归结）

定义：设 C_1 与 C_2 是两个没有相同变元的子句，L_1 和 L_2 分别是 C_1 和 C_2 中的文字，若 σ 是 L_1 和 $\neg L_2$ 的最一般合一，则称 $C_{12} = (C_1\sigma - \{L_1\sigma\}) \bigcup (C_2\sigma - \{L_2\sigma\})$ 为 C_1 和 C_2 的二元式，L_1 和 L_2 称为归结式上的文字。

定义子句 C_1 和 C_2 的归结式是下列二元归结式之一：

（1）C_1 与 C_2 的二元归结式；

（2）C_1 与 C_2 的因子 $C_2\sigma_2$ 的二元归结式；

（3）C_1 的因子 $C_1\sigma_1$ 与 C_2 的二元归结式；

（4）C_1 的因子 $C_1\sigma_1$ 与 C_2 的因子 $C_2\sigma_2$ 的二元归结式。

例 3.6　设

$$C_1 = P(x) \vee Q(a), \quad C_2 = \neg P(b) \vee R(x)$$

求其二元归结式。

解：令 $C_2 = \neg P(b) \vee R(y)$

选 $L_1 = P(x), L_2 = \neg P(b), \sigma = \{b/x\}$

则得：

$$\begin{aligned}
C_{12} &= (\{P(b), Q(a)\} - \{P(b)\}) \vee (\{\neg P(b), R(y)\} - \{\neg P(b)\}) \\
&= \{Q(a), R(y)\} \\
&= Q(a) \vee R(y)
\end{aligned}$$

其求解过程如图 3.10 所示。

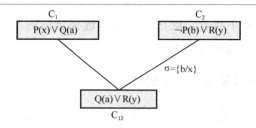

图 3.10 例 3.6 求解过程

例 3.7 设

$$C_1 = P(x) \lor P(f(a)) \lor Q(x), C_2 = \neg P(y) \lor R(b)$$

求其二元归结式。

解： $\sigma = \{f(a)/x\}, C_1\sigma = P(f(a)) \lor Q(f(a))$

选 $L_1 = P(f(a)), L_2 = \neg P(y), \sigma = \{f(a)/y\}$

则得 $C_{12} = R(b) \lor Q(f(a))$

对于鲁宾逊归结原理来说，对于谓词逻辑，归结式是其亲本子句的逻辑结论。对于一阶谓词逻辑，若子句集是不可满足的，则必存在一个从该子句集到空子句的归结演绎；若子句集存在一个到空子句的演绎，则该子句集是不可满足的。如果没有归结出空子句，则既不能说 S 不可满足，也不能说 S 是可满足的。

3.3.3 归结反演

应用归结原理证明定理的过程称为归结反演。归结反演的步骤如下。

（1）将已知前提表示为谓词公式 F。

（2）将待证明的结论表示为谓词公式 Q，并否定得到 ¬Q。

（3）把谓词公式集{F,Q}化为子句集 S。

（4）应用归结原理对子句集 S 中的子句进行归结，并把每次归结得到的归结式都并入 S 中。如此反复进行，若出现了空子句，则停止归结，此时就证明 Q 为真。

例 3.8 某公司招聘工作人员，A、B、C 三人应试，经面试后公司表示如下想法：

（1）三人中至少录用一人。

（2）如果录用 A 而不录用 B，则一定录用 C。

（3）如果录用 B，则一定录用 C。

求证：公司一定录用 C。

证明： 用谓词公式表示公司的想法：

P(x)：录用 x

$P(A) \lor P(B) \lor P(C)$

$P(A) \lor \neg P(B) \lor P(C)$

$P(B) \to P(C)$

把要求证的结论用谓词公式表示出来并否定，得：

¬P(C)

把上述公式化成子句集：

（1）P(A)∨P(B)∨P(C)。

（2）¬P(A)∨P(B)∨P(C)。

（3）¬P(B)∨P(C)。

（4）¬P(C)。

应用归结原理进行归结：

（5）P(B)∨P(C)，（1）与（2）归结。

（6）P(C)，（3）与（5）归结。

（7）NIL，（4）与（6）归结。

其求解过程如图 3.11 所示。

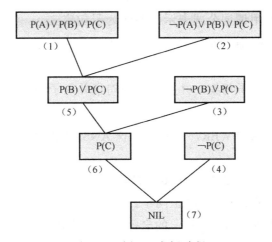

图 3.11　例 3.8 求解过程

例 3.9　已知

规则 1：任何人的兄弟不是女性。

规则 2：任何人的姐妹必是女性。

事实：Mary 是 Bill 的姐妹。

求证：Mary 不是 Tom 的兄弟。

证明：定义谓词：

brother（x，y）：x 是 y 的兄弟。

sister（x，y）：x 是 y 的姐妹。

woman（x）：x 是女性。

将规则与事实用谓词公式表示：

$(\forall x)(\forall y)(brother(x, y) \rightarrow \neg woman(x))$

$(\forall x)(\forall y)(sister(x,y) \rightarrow woman(x))$

$sister(Mary,Bill)$

把要求证的结论用谓词公式表示出来并否定，得：

$brother(Mary,Tom)$

把上述公式化成子句集：

$C_1 = \neg brother(x,y) \lor \neg woman(x)$，$C_2 = \neg sister(x,y) \lor woman(x)$，$C_3 = sister(Mary,Bill)$，$C_4 = brother(Mary,Tom)$

将子句集进行归结：

$C_{23} = woman(Mary)$，$C_{123} = \neg brother(Mary,y)$，$C_{1234} = NIL$

3.3.4 用归结反演解决实际问题

用归结反演解决实际问题的一般步骤如下。

（1）将已知前提 F 用谓词公式表示，并化为子句集 S；

（2）把待求解的问题 Q 用谓词公式表示，并否定 Q，再与 ANSWER 构成析取式（$\neg Q \lor ANSWER$）；

（3）把此析取式化为子句集，并且把该子句集并入子句集 S，得到子句集 S′；

（4）对 S′应用归结原理进行归结；

（5）若得到归结式 ANSWER，则答案就在 ANSWER 中。

例 3.10 已知

F_1：江（Jiang）先生是小周（Zhou）的老师。

F_2：小周与小张（Zhang）是同班同学。

F_3：如果 x 与 y 是同班同学，则 x 的老师也是 y 的老师。

求：小张的老师是谁？

解：

定义谓词：

$T(x,y)$：x 是 y 的老师；

$C(x,y)$：x 与 y 是同班同学。

把已知前提表示成谓词公式：

F_1：$T(Jiang,Zhou)$

F_2：$C(Zhou,Zhang)$

F_3：$(\forall x)(\forall y)(\forall z)(C(x,y) \land T(z,x) \rightarrow T(z,y))$

把目标表示成谓词公式，并把它否定后与 ANSWER 析取：

G：$\neg(\exists x)T(x,Zhang) \lor ANSWER(x)$

把上述公式化为子句集：

（1）T(Jiang, Zhou)。

（2）C(Zhou, Zhang)。

（3）¬C(x, y) ∨ ¬T(z, x) ∨ T(z, y)。

（4）¬T(u, Zhang) ∨ ANSWER(u)。

应用归结原理进行归结：

（5）¬C(Zhou, y) ∨ T(Jiang, y)，（1）与（3）归结。

（6）¬C(Zhou, Zhang) ∨ ANSWER(Jiang)，（4）与（5）归结。

（7）ANSWER(Jiang)，（2）与（6）归结。

其求解过程如图 3.12 所示。

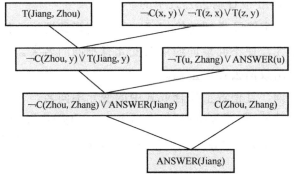

图 3.12　例 3.10 求解过程

3.4　与/或形演绎推理

上节讨论的归结演绎推理要求把有关问题的知识及目标的否定都转化成子句形式，然后通过归结进行演绎推理，其推理规则只有一条，即归结规则。它需要把谓词公式转化为子句形式，尽管这种转化在逻辑上是等价的，但是原来蕴涵在谓词公式中的一些重要信息却会在求取子句的过程中丢失。

例如，这几个蕴涵式 ¬A ∧ ¬B → C、¬A ∧ ¬C → B、¬A → B ∨ C、¬B → A ∨ C 都与子句 A ∨ B ∨ C 等价。但在 A ∨ B ∨ C 中，是根本得不到原逻辑公式中所蕴涵的那些超逻辑的含义的。在很多情况下，人们希望使用那种接近于问题原始描述的形式来进行求解，而不希望把问题描述转化为子句集。将领域知识和已知事实分别用蕴涵式和与/或形表示，然后运用蕴涵式进行演绎推理，从而证明某个目标公式。与/或形演绎推理包含正向、双向、逆向与/或形演绎推理。

3.4.1 与/或形正向演绎推理

与/或形正向演绎推理从已知事实出发，正向地使用蕴涵式（F 规则）进行演绎推理，直至得到目标公式为止。一个直接演绎系统不一定比反演系统更有效，但其演绎过程容易理解。

1. 事实表达式的与/或形变换及其树形表示

正向演绎要求事实用不包含蕴涵符号的与/或形表达式表示。把一个表达式转化为标准的与/或形表达式的步骤如下。

（1）利用 $P \to Q \Leftrightarrow \neg P \vee Q$ 消去公式中的"→"。

（2）利用德·摩根定律及量词转换把"¬"移到紧靠谓词的位置上。

（3）重新命名变元，使不同量词约束的变元有不同的名字。

（4）引入斯克林函数消去存在量词。

（5）消去全称量词，且使各主要合取式中的变元不同名。

例如，对事实表达式 $(\exists x)(\forall y)\{Q(y,x) \wedge \neg[(R(y) \vee P(y)) \wedge S(x,y)]\}$ 按照上述步骤转换后可得 $Q(z,a) \wedge \{[\neg(R(y) \wedge \neg P(y))] \vee \neg S(a,y)\}$，这就是一个不含有"→"的表达式，我们称之为与/或形。

在与/或树中，每个节点表示相应事实表达式的一个子表达式，叶节点为谓词公式中的文字用析取符号（∨）连接而成的表达式，用一个连接符把它们连接起来。对于合取符号（∧）连接而成的表达式，无须用连接符连接。

2. F 规则的表示形式

在与/或形正向演绎推理中通常要求 F 规则具有如下形式：L→W，其中 L 为单文字，W 为与/或形。之所以限制 F 规则的左部为单文字，是因为在进行演绎推理时，要将 F 规则作用于表示事实的与/或树，而该与/或树的叶节点都是单文字，这样就可用 F 规则的左部与叶节点进行简单匹配（合一）。

如果领域知识的表示形式不是所要求的形式，则需要通过变换将它变成规定的形式，把领域知识的表示形式变成规定形式的步骤如下。

（1）暂时消去公式中的蕴涵符号（→）。例如，对公式 $(\forall x)\{[(\exists y)(\forall z)P(x,y,z)] \to (\forall u)Q(x,u)\}$ 运用等价关系 $P \to Q \Leftrightarrow \neg P \vee Q$ 可变为：

$$(\forall x)\{\neg[(\exists y)(\forall z)P(x,y,z)] \vee (\forall u)Q(x,u)\}$$

（2）把"¬"移到紧靠谓词的位置上，上式变为：

$$(\forall x)\{(\forall y)(\exists z)[\neg P(x,y,z)] \vee (\forall u)Q(x,u)\}$$

（3）引入斯克林函数消去存在量词，消去存在量词后上式变为：

$$(\forall x)\{(\forall y)[\neg P(x,y,f(x,y))] \vee (\forall u)Q(x,u)\}$$

（4）消去全称量词。消去全称量词后，上式变为：

$$\neg P(x, y, f(x, y)) \vee Q(x, u)$$

（5）恢复为蕴涵式。利用等价公式 $\neg P \vee Q \Leftrightarrow P \rightarrow Q$ 将上式变为：

$$P(x, y, f(x, y)) \rightarrow Q(x, u)$$

3．与/或形正向演绎推理的推理过程

与/或形正向演绎推理的推理过程如下。

（1）用与/或树把已知事实表示出来。

（2）用 F 规则的左部和与/或树的叶节点进行匹配，并将匹配成功的 F 规则加入与/或树中。

（3）重复第 2 步，直到产生一个以目标节点作为终止节点的解图为止。

对于用谓词公式表示已知事实及 F 规则的情形，推理中需要用最一般的合一进行变元的代换，下面用例子说明。

例 3.11　设已知事实为 $\neg P(b) \vee \{Q(b) \wedge R(b)\}$。F 规则为 r_1，$\neg P(x) \rightarrow \neg S(x)$；$r_2$，$Q(y) \rightarrow N(y)$。要证明的目标公式为 $\neg S(z) \vee N(z)$。其推理过程如图 3.13 所示。

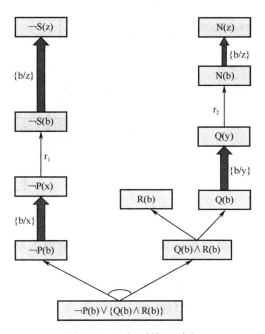

图 3.13　F 规则推理过程

3.4.2　与/或形逆向演绎推理

与/或形逆向演绎推理从待证明的问题（目标）出发，通过逆向地使用蕴涵式（B规则）进行演绎推理，直到得到包含已知事实的终止条件为止。变换过程与正向演绎推理中的已知事实的变换相似。

1．目标公式的与/或形变换及其树形表示

在与/或形逆向演绎推理中，要求目标公式用与/或形表示，知识要用存在量词约束的变元的斯克林函数替换全称量词约束的相应变元，并且消去全称量词，然后消去存在量词，这是与正向演绎推理中对已知事实进行变换的不同之处。例如对如下目标公式：

$$(\exists y)(\forall x)\{P(x) \rightarrow [Q(x,y) \land \neg(R(x) \land S(y))]\}$$

经变换后可得到：

$$\neg P(f(z)) \lor \{Q(f(y),y) \land [\neg R(f(y)) \lor \neg S(y)]\}$$

变换时应注意使得各个主要的析取式具有不同的变元名。

目标公式的与/或形可用与/或树表示出来，但其表示方式与正向演绎推理中已知事实的与/或树表示略有不同，它的连接符用来把具有合取关系的子表达式连接起来，而在正向演绎推理中是把已知事实中具有析取关系的子表达式连接起来。对于上例可用图 3.14 所示的与/或树表示。

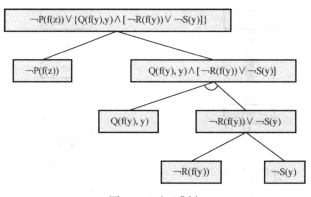

图 3.14　与/或树

在图 3.14 中，如果把叶节点用它们之间的合取及析取关系连接起来，就能得到原目标公式的三个子目标：

$$\neg P(f(z))$$
$$Q(f(y),y) \land R(f(y))$$
$$Q(f(y),y) \land \neg S(y)$$

由此可见，子目标是文字的合取式。

2．B 规则的表示形式

B 规则的表示形式为 W→L，其中，W 为任一与/或形公式，L 为文字。这里之所以限制规则的右部为文字，是因为推理时要用它与目标与/或树中的叶节点进行匹配

（合一），而目标与/或树中的叶节点是文字。如果已知的 B 规则不是所要求的形式，可用与转换 F 规则类似的方法把它化为规定的形式。比如：

$$W \rightarrow (L_1 \wedge L_2)$$

这样的蕴涵式可化为两个 B 规则：

$$W \rightarrow L_1$$
$$W \rightarrow L_2$$

3．已知事实的表示形式

在逆向演绎推理中，要求已知事实是文字的合取式，即形如

$$F_1 \wedge F_2 \wedge F_3 \wedge \cdots \wedge F_n$$

在求解时，因为每个 $F_j (j = 1, 2, 3, \cdots, n)$ 都能单独起到作用，所以可以将上式表示成事实的集合：$\{F_1, F_2, F_3, \cdots, F_n\}$。

4．与/或形逆向演绎推理的推理过程

与/或形逆向演绎推理的推理过程如下。

（1）用与/或树把目标公式表示出来。

（2）用 B 规则的右部和与/或树的叶节点进行匹配，并将匹配成功的 B 规则加入与/或树。

（3）重复进行第 2 步，直到产生某个终止在事实节点上的一致解图为止。

例 3.12　已知事实和规则如下。

事实：

f_1:　WOLF(Ellas)　　　　Ellas是一头狼

f_2:　¬Barks(Ellas)　　　　Ellas不吠叫

f_3:　Wag Tail(Ellas)　　　　Ellas摇尾巴

f_4:　Moo-Moo(Dals)　　　　Dals哞哞叫

规则：

r_1:　(Wag Tail(x_1) $\wedge$ WOLF(x_1)) $\rightarrow$ Friendly(x_1)，狼以摇尾巴表示友好

r_2:　(Friendly(x_2) $\wedge$ ¬Barks(x_2)) $\rightarrow$ ¬Afraid(y_2, x_2)，友好且不吠叫的狼不可怕

r_3:　WOLF(x_3) $\rightarrow$ Animal(x_3)，狼是一种动物

r_4:　Cattle(x_4) $\rightarrow$ Animal(x_4)，牛是一种动物

r_5:　Moo-Moo(x_4) $\rightarrow$ Cattle(x_5)，哞哞叫的是牛

那么现在，是否有这样的一头牛和一头狼，而且这头牛不怕这头狼？

该问题的目标公式为：

$$(\exists x)(\exists y)[Cattle(x) \wedge WOLF(y) \wedge \neg Afraid(x, y)]$$

其求解过程如图 3.15 所示。

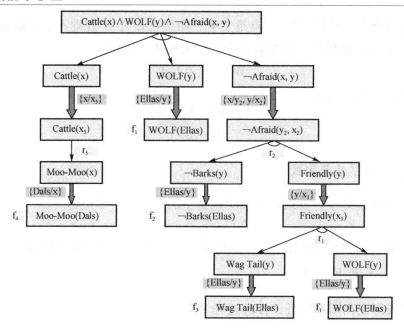

图 3.15　例 3.12 求解过程

　　该推理过程所得到的解图是一致解图，图中有 8 条匹配弧，每一条弧都有一个代换，终止在事实节点的代换为 {Cattle/x} 和 {Ellas/y}。把它们应用到目标公式就能得到该问题的解，即：

$$Cattle(Dals) \wedge WOLF(Ellas) \wedge \neg Afraid(Dals, Ellas)$$

　　它表示：有这样的一头牛（名叫 Dals）和一头狼（名叫 Ellas），而且这头牛不怕这头狼。

3.4.3　与/或形双向演绎推理

　　与/或形双向演绎推理是建立在正向演绎推理与逆向演绎推理基础上的，它由表示目标及表示已知事实的两个与/或树结构组成，这些与/或树分别由正向演绎的 F 规则及逆向演绎的 B 规则进行操作，并且仍然限制 F 规则为单文字的左部，B 规则为单文字的右部。双向演绎推理的难点在于终止条件，因为分别从正、逆两个方向进行推理，其与/或树分别向着对方扩展，只有当它们对应的叶节点都可合一时，推理才能结束，其时机与判断都难于掌握。

　　例 3.13　设已知事实及目标分别为：
$$Q(x, b) \wedge [\neg R(x) \vee \neg S(b)]$$
$$\neg P(f(y)) \vee \{Q(f(y), y) \wedge [\neg R(f(y)) \vee \neg S(y)]\}$$

　　那么分别从已知事实和目标进行的双向推理如图 3.16 所示。

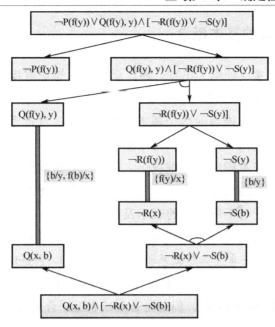

图 3.16　分别从已知事实和目标进行的双向推理

与/或形演绎推理的优点：不必把公式转化为子句集，保留了连接词（→）。这样就可直观地表达出因果关系，比较自然。

与/或形演绎推理的缺点：对正向演绎推理而言，目标表达式被限制为文字的析取式；对逆向演绎推理，已知事实的表达式被限制为文字的合取式；正、逆双向演绎推理虽然可以克服以上两个问题，但其"接头"的处理比较困难。

3.5　不确定性推理

现实世界中的事物及事物之间的关系是极其复杂的，由于客观上存在的随机性、模糊性及某些事物或现象暴露的不充分性，导致人们对它们的认识往往是不精确、不完全的，具有一定程度的不确定性。这种认识上的不确定性反映到知识及由观察所得到的证据上来，就分别形成了不确定性的知识及不确定性的证据。另外，正如费根鲍姆所说的那样，大量未解决的重要问题往往需要运用专家的经验。我们知道，经验性知识一般都带有某种程度的不确定性。

本节首先讨论不确定性推理中的基本问题，然后着重介绍基于概率论的有关理论发展起来的不确定性推理方法，主要介绍可信度方法、证据理论，最后介绍目前在专家系统、信息处理、自动控制等领域广泛应用的依据模糊理论发展起来的模糊推理方法。

3.5.1　不确定性推理的基本概念

推理就是从已知事实（证据）出发，通过运用相关知识逐步推出结论或者证明某个假设成立或不成立的思维过程。

已知事实和知识是构成推理的两个基本要素。在确定性推理中，已知事实及推理时所依据的知识都是确定的，推出的结论或证明的假设也都是精确的，其真值为真或为假。在事物和知识存在不确定性的情况下，若用经典逻辑做精确处理，将把这种不确定性化归为确定性，人为地划定界限，这无疑会舍弃事物的某些重要属性，从而失去了真实性。由此开始了对不确定性的表示及处理的研究，有了不确定性推理的理论和方法，这将使计算机对人类思维的模拟更接近于人类的思维。

不确定性推理是建立在非经典逻辑基础上的一种推理，它是对不确定性知识的运用与处理。所谓不确定性推理就是从不确定性的初始证据出发，通过运用不确定性的知识，最终推出具有一定程度的不确定性，但却是合理或者近乎合理的结论的思维过程。

引起知识不确定性的原因如下。

（1）随机性：我有九成的把握通过考试。

（2）模糊性：速度快的人适合短跑。

（3）不完全性：这种药可能会治疗 SARS。

（4）经验性：天热了就要穿薄衣服。

1．不确定性推理的基本问题

1）不确定性的表示

不确定性推理中的"不确定性"一般分为两类：一类是知识的不确定性，另一类是证据的不确定性。知识不确定性的表示：静态强度如果用知识在应用中成功的概率来表示，则其取值范围为[0,1]，该值越接近于 1，说明该知识越"真"；该值越接近于 0，说明该知识越"假"。如果用可信度来表示知识的静态强度，取值范围没有一个统一的区间。著名的 MYCIN 系统采用[-1,1]区间，也有的系统用[0,1]区间。

在确定一种度量方法及其范围时，应注意以下几点：

（1）度量要能充分表达相应知识及证据不确定性的程度。

（2）度量范围的指定应便于领域专家及用户对不确定性的估计。

（3）度量要便于对不确定性的传递进行计算，而且对结论算出的不确定性度量不能超出度量规定的范围。

（4）度量的确定应当是直观的，同时应有相应的理论依据。

2）不确定性匹配算法

（1）设计一个不确定性匹配算法。

（2）指定一个匹配阈值。

3）组合证据不确定性的算法

在匹配时，一个简单条件对应于一个单一的证据，一个复合条件对应于一组证据。这一组证据称为组合证据。

常用的组合证据不确定性算法如下。

最大最小法：

$$T(E_1 \text{ AND } E_2)=\min\{T(E_1),T(E_2)\}$$

$$T(E_1 \text{ OR } E_2)=\max\{T(E_1),T(E_2)\}$$

概率法：

$$T(E_1 \text{ AND } E_2)=T(E_1)\times T(E_2)$$

$$T(E_1 \text{ OR } E_2)=T(E_1)+T(E_2)-T(E_1)\times T(E_2)$$

有界法：

$$T(E_1 \text{ AND } E_2)=\max\{0,T(E_1)+T(E_2)-1\}$$

$$T(E_1 \text{ OR } E_2)=\min\{1,T(E_1)+T(E_2)\}$$

其中，T(E)表示证据 E 为真的程度，如可信度、概率等。

4）不确定性的传递算法

（1）在每一步推理中，如何把证据及知识的不确定性传递给结论。

（2）在多步推理中，如何把初始证据的不确定性传递给最终结论。

5）结论不确定性的合成

用不同知识进行推理得到了相同结论，但不确定性的程度却不同。此时，需要用合适的算法对它们进行合成。

2．不确定性推理方法分类

关于不确定性推理方法的研究沿着两条不同的路线发展。一条路线是模型法：在推理一级上扩展确定性推理。其特点是把不确定的证据和不确定的知识分别与某种度量标准对应起来，并且给出更新结论不确定的算法。这类方法与控制策略一般无关，即无论用何种控制策略，推理的结果都是唯一的。另一条路线是控制法：在控制策略一级处理不确定性。其特点是通过识别领域中引起不确定性的某些特征及相应的控制策略来限制或者减少不确定性对系统产生的影响。这类方法没有处理不确定性的统一模型，其效果极大地依赖于控制策略，如相关性制导回溯、启发式搜索等。

模型法又分为数值方法和非数值方法两类。对于数值方法按其所依据的理论又可分为基于概率的方法和基于模糊理论的模糊推理方法。

3.5.2　可信度方法

可信度方法是 1975 年肖特里菲（E.H.Shortliffe）等人在确定性理论的基础上，

结合概率论等提出的一种不确定性推理方法。可信度方法具有直观、简单且效果好的优点。

可信度：根据经验对一个事物或现象为真的相信程度。可信度带有较大的主观性和经验性，其准确性难以把握。C-F 模型：基于可信度表示的不确定性推理的基本方法。

1．知识不确定性的表示

产生式规则表示：IF E THEN H(CF(H,E))

CF(H,E)：可信度因子（Certainty Factor），反映前提条件与结论的联系强度。

例如：

IF 头痛 AND 流涕 THEN 感冒（0.7）

CF(H,E)的取值范围为[-1,1]。若由于相应证据的出现增加结论 H 为真的可信度，则 CF(H,E)>0，证据的出现越是支持 H 为真，就使 CF(H,E)的值越大。反之，CF(H,E)<0，证据的出现越是支持 H 为假，CF(H,E)的值就越小。若证据的出现与否与 H 无关，则 CF(H,E)=0。

2．证据不确定性的表示

CF(E)=0.6，E 的可信度为 0.6。

● 证据 E 的可信度取值范围为[-1,1]。
● 对于初始证据，若所有观察能肯定它为真，则 CF(E)=1。
● 若肯定它为假，则 CF(E)=-1。
● 若以某种程度为真，则 $0 < CF(E) < 1$。
● 若以某种程度为假，则 $-1 < CF(E) < 0$。
● 若未获得任何相关的观察，则 CF(E)=0。
● 静态强度 CF(H,E)：知识的强度，即当 E 所对应的证据为真时对 H 的影响程度。
● 动态强度 CF(E)：证据 E 当前的不确定性程度。

3．组合证据不确定性的算法

组合证据：多个单一证据的合取 $E=E_1 \text{ AND } E_2 \text{ AND } \cdots \text{ AND } E_n$
则 $CF(E)=\min\{CF(E_1),CF(E_2),\cdots,CF(E_n)\}$。

组合证据：多个单一证据的析取 $E=E_1 \text{ OR } E_2 \text{ OR } \cdots \text{ OR } E_n$
则 $CF(E)=\max\{CF(E_1),CF(E_2),\cdots,CF(E_n)\}$。

4．不确定性的传递算法

C-F 模型中的不确定性推理：从不确定的初始证据出发，通过运用相关的不确定性知识，最终推出结论并求出结论的可信度值。结论 H 的可信度由下式计算：

$$CF(H) = CF(H, E) \times \max\{0, CF(E)\}$$

当 $CF(E) < 0$ 时，则 $CF(H) = 0$ ；

当 $CF(E) = 1$ 时，则 $CF(H) = CF(H, E)$ 。

5．结论不确定性的合成算法

设知识：

$$\text{IF } E_1 \text{ THEN } H \ (CF(H, E_1))$$
$$\text{IF } E_2 \text{ THEN } H \ (CF(H, E_2))$$

（1）分别对每一条知识求出 CF(H)：

$$CF_1(H) = CF(H, E_1) \times \max\{0, CF(E_1)\}$$
$$CF_2(H) = CF(H, E_2) \times \max\{0, CF(E_2)\}$$

（2）求出 E_1 与 E_2 对 H 的综合影响所形成的可信度 $CF_{1,2}(H)$ ：

$$CF_{1,2}(H) = \begin{cases} CF_1(H) + CF_2(H) - CF_1(H)CF_2(H) & \text{若 } CF_1(H) \geq 0, CF_2(H) \geq 0 \\ CF_1(H) + CF_2(H) + CF_1(H)CF_2(H) & \text{若 } CF_1(H) < 0, CF_2(H) < 0 \\ \dfrac{CF_1(H) + CF_2(H)}{1 - \min\{|CF_1(H)|, |CF_2(H)|\}} & \text{若 } CF_1(H) \text{ 与 } CF_2(H) \text{ 异号} \end{cases}$$

例 3.14　设有如下一组知识

r_1：　IF E_1 THEN H (0.8)

r_2：　IF E_2 THEN H (0.6)

r_3：　IF E_3 THEN H (−0.5)

r_4：　IF E_4 AND (E_5 OR E_6) THEN E_1 (0.7)

r_5：　IF E_7 AND E_8 THEN E_3 (0.9)

已知：　$CF(E_2) = 0.8, CF(E_4) = 0.5, CF(E_5) = 0.6, CF(E_6) = 0.7, CF(E_7) = 0.6, CF(E_8) = 0.9$

求：　$CF(H)$ 。

解：

第一步：对每一条规则求出 CF(H)。

r_4：

$$\begin{aligned} CF(E_1) &= 0.7 \times \max\{0, CF[E_4 \text{ AND } (E_5 \text{ OR } E_6)]\} \\ &= 0.7 \times \max\{0, \min\{CF(E_4), CF(E_5 \text{ OR } E_6)\}\} \\ &= 0.7 \times \max\{0, \min\{CF(E_4), \max\{CF(E_5), CF(E_6)\}\}\} \\ &= 0.7 \times \max\{0, \min\{0.5, \max\{0.6, 0.7\}\}\} \\ &= 0.7 \times \max\{0, 0.5\} \\ &= 0.35 \end{aligned}$$

r_5：

$$CF(E_3) = 0.9 \times \max\{0, CF(E_7 \text{ AND } E_8)\}$$
$$= 0.9 \times \max\{0, \min\{CF(E_7), CF(E_8)\}\}$$
$$= 0.9 \times \max\{0, \min\{0.6, 0.9\}\}$$
$$= 0.9 \times \max\{0, 0.6\}$$
$$= 0.54$$

r_1：

$$CF_1(H) = 0.8 \times \max\{0, CF(E_1)\}$$
$$= 0.8 \times \max\{0, 0.35\}$$
$$= 0.28$$

r_2：

$$CF_2(H) = 0.6 \times \max\{0, CF(E_2)\}$$
$$= 0.6 \times \max\{0, 0.8\}$$
$$= 0.48$$

r_3：

$$CF_3(H) = -0.5 \times \max\{0, CF(E_3)\}$$
$$= -0.5 \times \max\{0, 0.54\}$$
$$= -0.27$$

第二步：根据结论不确定性的合成算法得到

$$CF_{1,2}(H) = CF_1(H) + CF_2(H) - CF_1(H) \times CF_2(H)$$
$$= 0.28 + 0.48 - 0.28 \times 0.48$$
$$= 0.63$$

$$CF_{1,2,3}(H) = \frac{CF_{1,2}(H) + CF_3(H)}{1 - \min\{|CF_{1,2}(H)|, |CF_3(H)|\}}$$
$$= \frac{0.63 - 0.27}{1 - \min\{0.63, 0.27\}}$$
$$= \frac{0.36}{0.73} = 0.49$$

综合可信度：$CF(H) = 0.49$。

C-F 方法虽然具有简单直观的优点，但是也有如下缺点：可信度因子依赖于专家主观指定，没有统一、客观的标准，容易有片面性；随着推理的延伸，可信度变得不可靠，误差随之增大；当推理达到一定深度时，推出的结论不再可信。

3.5.3 证据理论

证据理论（Theory of Evidence）又称 D-S 理论，是德普斯特（A. P. Dempster）首先提出，沙佛（G. Shafer）进一步发展起来的一种处理不确定性的理论。1981 年巴纳特（J. A. Barnett）把该理论引入专家系统中，同年卡威（J. Garvey）等人用它实现了不确定性推理。目前，在证据理论的基础上已经发展出了多种不确定性推理模型。

1. 概率分配函数

设 D 是变量 x 所有可能取值的集合，且 D 中的元素是互斥的，在任一时刻 x 都取且只能取 D 中的某一个元素为值，则称 D 为 x 的样本空间。在证据理论中，D 的任何一个子集 A 都对应于一个关于 x 的命题，称该命题为"x 的值在 A 中"。

设 x 为所看到的颜色，$D=\{$红，黄，蓝$\}$，则 $A=\{$红$\}$："x 是红色"；$A=\{$红，蓝$\}$："x 或者是红色，或者是蓝色"。

设 D 为样本空间，领域内的命题都用 D 的子集表示，则概率分配函数（Basic Probability Assignment Function）定义如下。

定义：设函数 M：$2^D \rightarrow [0,1]$（对任何一个属于 D 的子集 A，命它对应一个数 $M \in [0,1]$）且满足 $M(\Phi)=0$，$\sum\limits_{A \subseteq D} M(A)=1$。则 M 为 2^D 上的基本概率分配函数，$M(A)$ 为 A 的基本概率数。

几点说明：

（1）设样本空间 D 中有 n 个元素，则 D 中子集的个数为 2^n 个。2^D 为 D 的所有子集。

例如：设 $D=\{$红，黄，蓝$\}$，则其子集个数为 $2^3=8$，具体为 $A=\{$红$\}$，$A=\{$黄$\}$，$A=\{$蓝$\}$，$A=\{$红，黄$\}$，$A=\{$红，蓝$\}$，$A=\{$黄，蓝$\}$，$A=\{$红，黄，蓝$\}$，$A=\{\Phi\}$。

（2）概率分配函数：把 D 的任意一个子集 A 都映射为 $[0,1]$ 上的一个数 $M(A)$。$A \subset D$，$A \neq D$ 时，$M(A)$ 为对相应命题 A 的精确信任度。

例如，设 $A=\{$红$\}$，$M(A)=0.3$，命题"x 是红色"的信任度是 0.3。

（3）概率分配函数与概率不同。

例如：设 $D=\{$红，黄，蓝$\}$，$M(\{$红$\})=0.3$，$M(\{$黄$\})=0$，$M(\{$蓝$\})=0.1$，$M(\{$红，黄$\})=0.2$，$M(\{$红，蓝$\})=0.2$，$M(\{$黄，蓝$\})=0.1$，$M(\{$红，黄，蓝$\})=0.1$，$M(\Phi)=0$，但 $M(\{$红$\})+M(\{$黄$\})+M(\{$蓝$\})=0.4$。

2. 信任函数

定义：命题的信任函数（Belief Function）$\text{Bel}:2^D \rightarrow [0,1]$ 且 $\text{Bel}(A)=\sum\limits_{B \subseteq A} M(B)$，$\forall A \subseteq D$，$\text{Bel}(A)$ 对命题 A 为真的总的信任程度。

例如：设 $D=\{$红，黄，蓝$\}$，$M(\{$红$\})=0.3$，$M(\{$黄$\})=0$，$M(\{$红，黄$\})=0.2$，$\text{Bel}(\{$红，黄$\})=M(\{$红$\})+M(\{$黄$\})+M(\{$红，黄$\})=0.3+0.2=0.5$。

由信任函数及概率分配函数的定义推出：

$$\text{Bel}(\Phi)=M(\Phi)=0，\quad \text{Bel}(D)=\sum\limits_{B \subseteq D} M(B)=1$$

3．似然函数

似然函数（Plansibility Function）：不可驳斥函数或上限函数。

定义：似然函数 Pl：$2^D \rightarrow [0,1]$ 且 $\text{Pl}(A) = 1, \text{Bel}(\neg A)$ 对所有的 $A \subseteq D$。

例如：设 $D =$ {红,黄,蓝}，$M(\{红\})=0.3$，$M(\{黄\})=0$，$M(\{红,黄\})=0.2$，$\text{Bel}(\{红,黄\})=M(\{红\})+M(\{黄\})+M(\{红,黄\})=0.3+0.2=0.5$，$\text{Pl}(\{蓝\}) = 1 - \text{Bel}(\neg\{蓝\}) = 1 - \text{Bel}(\{红,黄\}) = 1 - 0.5 = 0.5$。

4．概率分配函数的正交和（证据的组合）

定义：设 M_1 和 M_2 是两个概率分配函数，则其正交和 $M = M_1 \oplus M_2$：$M(\Phi) = 0$，$M(A) = K^{-1} \sum\limits_{x \cap y = \Phi} M_1(x)M_2(y)$。

其中，$K = 1 - \sum\limits_{x \cap y = \Phi} M_1(x)M_2(y) = \sum\limits_{x \cap y \neq \Phi} M_1(x)M_2(y)$。

如果 $K \neq 0$，则正交和 M 也是一个概率分配函数；

如果 $K = 0$，则不存在正交和 M，即没有可能存在概率函数，称 M_1 与 M_2 矛盾。

例 3.15　设 $D =$ {黑,白}，且设 $M_1(\{黑\},\{白\},\{黑,白\},\Phi) = (0.3,0.5,0.2,0)$，$M_2(\{黑\},\{白\},\{黑,白\},\Phi) = (0.6,0.3,0.1,0)$。

则有：

$$K = 1 - \sum\limits_{x \cap y = \Phi} M_1(x)M_2(y)$$
$$= 1 - [M_1(\{黑\})M_2(\{白\}) + M_1(\{白\})M_2(\{黑\})]$$
$$= 1 - [0.3 \times 0.3 + 0.5 \times 0.6]$$
$$= 0.61$$

$$M(\{黑\}) = K^{-1} \sum\limits_{x \cap y = \{黑\}} M_1(x)M_2(y)$$
$$= \frac{1}{0.61}[M_1(\{黑\})M_2(\{黑\}) + M_1(\{黑\})M_2(\{黑,白\}) +$$
$$M_1(\{黑,白\})M(\{黑\})]$$
$$= \frac{1}{0.61}[0.3 \times 0.6 + 0.3 \times 0.1 + 0.2 \times 0.6]$$
$$= 0.54$$

同理可得：$M(\{白\}) = 0.43$，$M(\{黑,白\}) = 0.03$。

组合后得到的概率分配函数：$M(\{黑\},\{白\},\{黑,白\},\Phi) = (0.54,0.43,0.03,0)$。

5．基于证据理论的不确定性推理

基于证据理论的不确定性推理的步骤如下。

（1）建立问题的样本空间 D。

（2）由经验给出，或者由随机性规则和事实的信度度量确定基本概率分配函数。

（3）计算所关心的子集的信任函数值、似然函数值。

（4）由信任函数值、似然函数值得出结论。

例 3.16　设有规则：

（1）如果流鼻涕则感冒但非过敏性鼻炎（0.9）或过敏性鼻炎但非感冒（0.1）。

（2）如果眼发炎则感冒但非过敏性鼻炎（0.8）或过敏性鼻炎但非感冒（0.05）。

有事实：

（1）小王流鼻涕（0.9）。

（2）小王眼发炎（0.4）。

问：小王患的什么病？

解：

取样本空间：$D = \{h_1, h_2, h_3\}$

h_1 表示"感冒但非过敏性鼻炎"；

h_2 表示"过敏性鼻炎但非感冒"；

h_3 表示"同时得了两种病"。

取下面的基本概率分配函数：

$$M_1(\{h_1\}) = 0.9 \times 0.9 = 0.81$$
$$M_1(\{h_2\}) = 0.9 \times 0.1 = 0.09$$
$$M_1(\{h_1, h_2, h_3\}) = 1 - M_1(\{h_1\}) - M_1(\{h_2\}) = 1 - 0.81 - 0.09 = 0.1$$
$$M_2(\{h_1\}) = 0.4 \times 0.8 = 0.32$$
$$M_2(\{h_2\}) = 0.4 \times 0.05 = 0.02$$
$$M_2(\{h_1, h_2, h_3\}) = 1 - M_2(\{h_1\}) - M_2(\{h_2\}) = 1 - 0.32 - 0.02 = 0.66$$

将两个概率分配函数组合：

$$K = 1/\{1 - [M_1(\{h_1\})M_2(\{h_2\}) + M_1(\{h_2\})M_2(\{h_1\})]\}$$
$$= 1/\{1 - [0.81 \times 0.02 + 0.09 \times 0.32]\}$$
$$= 1/\{1 - 0.045\} = 1/0.955 = 1.05$$
$$M(\{h_1\}) = K[M_1(\{h_1\})M_2(\{h_1\}) + M_1(\{h_1\})M_2(\{h_1, h_2, h_3\}) + $$
$$M_1(\{h_1, h_2, h_3\})M_2(\{h_1\})]$$
$$= 1.05 \times 0.8258 = 0.87$$
$$M(\{h_2\}) = K[M_1(\{h_2\})M_2(\{h_2\}) + M_1(\{h_2\})M_2(\{h_1, h_2, h_3\}) + $$
$$M_1(\{h_1, h_2, h_3\})M_2(\{h_2\})]$$
$$= 1.05 \times 0.0632 = 0.066$$
$$M(\{h_1, h_2, h_3\}) = 1 - M(\{h_1\}) - M(\{h_2\}) = 1 - 0.87 - 0.066 = 0.064$$

信任函数：

$$\text{Bel}(\{h_1\}) = M(\{h_1\}) = 0.87, \quad \text{Bel}(\{h_2\}) = M(\{h_2\}) = 0.066$$

似然函数：

$$Pl(\{h_1\}) = 1 - Bel(\neg\{h_1\}) = 1 - Bel(\{h_2, h_3\})$$
$$= 1 - [M(\{h_2\}) + M(\{h_3\})] = 1 - [0.066 + 0] = 0.934$$
$$Pl(\{h_2\}) = 1 - Bel(\neg\{h_2\}) = 1 - Bel(\{h_1, h_3\})$$
$$= 1 - [M(\{h_1\}) + M(\{h_3\})] = 1 - [0.87 + 0] = 0.13$$

结论：小王可能是感冒了。

3.5.4 模糊推理方法

1. 模糊逻辑的提出与发展

1965 年，美国的 L. A. Zadeh（图 3.17）发表了名为"Fuzzy Set"的论文，首先提出了模糊理论。

图 3.17　L. A. Zadeh

从 1965 年到 20 世纪 80 年代，在美国、欧洲、中国和日本，只有少数科学家研究模糊理论。1974 年，英国的 Mamdani 首次将模糊理论应用于热电厂的蒸汽机控制。1976 年，Mamdani 又将模糊理论应用于水泥旋转炉的控制。1983 年，日本 Fuji Electric 公司实现了饮水处理装置的模糊控制。1987 年，日本 Hitachi 公司研制出了地铁的模糊控制系统。1987～1990 年，在日本申报的模糊产品专利就达 319 种。目前，各种模糊产品充满日本、西欧和美国市场，如模糊洗衣机、模糊吸尘器、模糊电冰箱和模糊摄像机等。

2. 模糊集合

模糊集合的定义：论域为所讨论的全体对象，用 U 等表示。元素为论域中的每个对象，常用 a、b、c、x、y、z 表示。集合为论域中具有某种相同属性的确定的、可以彼此区别的元素的全体，常用 A、B 等表示。元素 a 和集合 A 的关系：a 属于 A 或 a 不属于 A，即只有两个真值"真"和"假"。模糊逻辑给集合中每一个元素赋予一个介于 0 和 1 之间的实数，描述其属于一个集合的程度，该实数称为元素属于一个集合的隶属度。集合中所有元素的隶属度全体构成集合的隶属函数。

例如，"成年人"集合：

$$\mu_{成年人}(x) = \begin{cases} 1, & x \geqslant 18 \\ 0, & x < 18 \end{cases}$$

模糊集合的表示方法：当论域中元素数目有限时，模糊集合 A 的数学描述为 $A = \{(x, \mu_A(x)), x \in X\}$，其中，$\mu_A(x)$ 为元素 x 属于模糊集 A 的隶属度，X 是元素 x 的论域。

（1）Zadeh 表示法。

① 论域是离散的且元素数目有限：

$$A = \mu_A(x_1)/x_1 + \mu_A(x_2)/x_2 + \cdots + \mu_A(x_n)/x_n = \sum_{i=1}^{n} \mu_A(x_i)/x_i$$

或者 $$A = \{\mu_A(x_1)/x_1, \mu_A(x_2)/x_2, \cdots, \mu_A(x_n)/x_n\}$$

② 论域是连续的，或者元素数目无限：

$$A = \int_{x \in U} \mu_A(x)/x$$

（2）序偶表示法。

$$A = \{(\mu_A(x_1), x_1), (\mu_A(x_2), x_2), \cdots, (\mu_A(x_n), x_n)\}$$

（3）向量表示法。

$$A = \{\mu_A(x_1), \mu_A(x_2), \cdots, \mu_A(x_n)\}$$

隶属函数：常见的隶属函数有正态分布、三角分布、梯形分布等。

隶属函数确定方法：

① 模糊统计法；

② 专家经验法；

③ 二元对比排序法；

④ 基本概念扩充法。

例如：以年龄作为论域，取 $U = [0, 200]$，Zadeh 给出了"年老" O 与"年青" Y 两个模糊集合的隶属函数为：

$$\mu_O(u) = \begin{cases} 0 & 0 \leqslant u \leqslant 50 \\ \left[1 + \left(\dfrac{5}{u-50}\right)^2\right]^{-1} & 50 < u \leqslant 200 \end{cases}$$

$$\mu_Y(u) = \begin{cases} 1 & 0 \leqslant u \leqslant 25 \\ \left[1 + \left(\dfrac{u-25}{5}\right)^2\right]^{-1} & 25 < u \leqslant 200 \end{cases}$$

采用 Zadeh 表示法：

$$O = \int_{50 < \mu \leqslant 200} \left[1 + \left(\frac{u-50}{5} \right)^{-2} \right]^{-1} \Big/ u \,, \quad Y = \int_{0 < \mu \leqslant 25} 1/u + \int_{25 < \mu \leqslant 200} \left[1 + \left(\frac{u-25}{5} \right)^{2} \right]^{-1} \Big/ u$$

3. 模糊集合的运算

模糊集合的包含关系：若 $\mu_A(x) \geqslant \mu_B(x)$，则 $A \supseteq B$。模糊集合的相等关系：若 $\mu_A(x) = \mu_B(x)$，则 $A = B$。模糊集合的交并补运算如下。

① 交运算（Intersection）$A \cap B$：

$$\mu_{A \cap B}(x) = \min\{\mu_A(x), \mu_B(x)\} = \mu_A(x) \wedge \mu_B(x)$$

② 并运算（Union）$A \cup B$：

$$\mu_{A \cup B}(x) = \max\{\mu_A(x), \mu_B(x)\} = \mu_A(x) \vee \mu_B(x)$$

③ 补运算（Complement）$\overline{A}$ 或者 A^C：

$$\mu_{\overline{A}}(x) = 1 - \mu_A(x)$$

例 3.17　设论域 $U = \{x_1, x_2, x_3, x_4\}$，$A$ 及 B 是论域上的两个模糊集合，已知：

$$A = 0.3/x_1 + 0.5/x_2 + 0.7/x_3 + 0.4/x_4$$
$$B = 0.5/x_1 + 1/x_2 + 0.8/x_3$$

求 $\overline{A}$、$\overline{B}$、$A \cap B$、$A \cup B$。

解：

$$\overline{A} = 0.7/x_1 + 0.5/x_2 + 0.3/x_3 + 0.6/x_4$$
$$\overline{B} = 0.5/x_1 + 0.2/x_3 + 1/x_4$$
$$A \cap B = \frac{0.3 \wedge 0.5}{x_1} + \frac{0.5 \wedge 1}{x_2} + \frac{0.7 \wedge 0.8}{x_3} + \frac{0.4 \wedge 0}{x_4}$$
$$= 0.3/x_1 + 0.5/x_2 + 0.7/x_3$$
$$A \cup B = \frac{0.3 \vee 0.5}{x_1} + \frac{0.5 \vee 1}{x_2} + \frac{0.7 \vee 0.8}{x_3} + \frac{0.4 \vee 0}{x_4}$$
$$= 0.5/x_1 + 1/x_2 + 0.8/x_3 + 0.4/x_4$$

模糊集合的代数运算如下。

① 代数积：

$$\mu_{AB}(x) = \mu_A(x)\mu_B(x)$$

② 代数和：

$$\mu_{A+B}(x) = \mu_A(x) + \mu_B(x) - \mu_{AB}(x)$$

③ 有界和：

$$\mu_{A \oplus B}(x) = \min\{1, \mu_A(x) + \mu_B(x)\} = 1 \wedge [\mu_A(x) + \mu_B(x)]$$

④ 有界积：

$$\mu_{A \otimes B}(x) = \max\{0, \mu_A(x) + \mu_B(x) - 1\} = 0 \vee [\mu_A(x) + \mu_B(x) - 1]$$

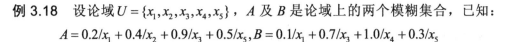

例 3.18 设论域 $U=\{x_1,x_2,x_3,x_4,x_5\}$，$A$ 及 B 是论域上的两个模糊集合，已知：

$$A = 0.2/x_1 + 0.4/x_2 + 0.9/x_3 + 0.5/x_5, B = 0.1/x_1 + 0.7/x_3 + 1.0/x_4 + 0.3/x_5$$

求 $A \cdot B$、$A + B$、$A \oplus B$、$A \otimes B$。

解：

$$A \cdot B = 0.02/x_1 + 0.63/x_3 + 0.15/x_5$$

$$A + B = 0.28/x_1 + 0.4/x_2 + 0.97/x_3 + 1.0/x_4 + 0.65/x_5$$

$$A \oplus B = 0.3/x_1 + 0.4/x_2 + 1.0/x_3 + 1.0/x_4 + 0.8/x_5$$

$$A \otimes B = 0.6/x_3$$

4．模糊关系与模糊关系的合成

普通关系是指两个集合中的元素之间是否有关联，而模糊关系是指两个模糊集合中的元素之间关联程度的多少。

例 3.19 某地区人的身高论域 $X=\{140,150,160,170,180\}$（单位为 cm），体重论域 $Y=\{40,50,60,70,80\}$。身高与体重的模糊关系见表 3.1。

表 3.1 身高与体重的模糊关系表

R	Y 40	50	60	70	80
X					
140	1	0.8	0.2	0.1	0
150	0.8	1	0.8	0.2	0.1
160	0.2	0.8	1	0.8	0.2
170	0.1	0.2	0.8	1	0.8
180	0	0.1	0.2	0.8	1

从 X 到 Y 的一个模糊关系 R，用模糊矩阵表示：

$$R = \begin{bmatrix} 1 & 0.8 & 0.2 & 0.1 & 0 \\ 0.8 & 1 & 0.8 & 0.2 & 0.1 \\ 0.2 & 0.8 & 1 & 0.8 & 0.2 \\ 0.1 & 0.2 & 0.8 & 1 & 0.8 \\ 0 & 0.1 & 0.2 & 0.8 & 1 \end{bmatrix}$$

模糊关系的定义：A、B 为模糊集合，模糊关系用叉积（Cartesian Product）表示为 $R: A \times B \rightarrow [0,1]$，叉积常用最小算子运算为 $\mu_{A \times B}(a,b) = \min\{\mu_A(a), \mu_B(b)\}$，$A$、$B$ 为离散模糊集，其隶属函数分别为

$$\mu_A = [\mu_A(a_1), \mu_A(a_2), \cdots, \mu_A(a_n)]$$

$$\mu_B = [\mu_B(b_1), \mu_B(b_2), \cdots, \mu_B(b_n)]$$

则其叉积运算：

$$\mu_{A \times B}(a,b) = \mu_A^T \circ \mu_B$$

例 3.20 已知输入的模糊集合 A 和输出的模糊集合 B：

$$A = 1.0/a_1 + 0.8/a_2 + 0.5/a_3 + 0.2/a_4 + 0.0/a_5$$

$$B = 0.7/b_1 + 1.0/b_2 + 0.6/b_3 + 0.0/b_4$$

求 A 到 B 的模糊关系 R。

解：

$$R = A'B = \mu_A^T \circ \mu_B = \begin{bmatrix} 1.0 \\ 0.8 \\ 0.5 \\ 0.2 \\ 0.0 \end{bmatrix} \circ [0.7 \quad 1.0 \quad 0.6 \quad 0.0]$$

$$R = \begin{bmatrix} 1.0 \wedge 0.7 & 1.0 \wedge 1.0 & 1.0 \wedge 0.6 & 1.0 \wedge 0.0 \\ 0.8 \wedge 0.7 & 0.8 \wedge 1.0 & 0.8 \wedge 0.6 & 0.8 \wedge 0.0 \\ 0.5 \wedge 0.7 & 0.5 \wedge 1.0 & 0.5 \wedge 0.6 & 0.5 \wedge 0.0 \\ 0.2 \wedge 0.7 & 0.2 \wedge 1.0 & 0.2 \wedge 0.6 & 0.2 \wedge 0.0 \\ 0.0 \wedge 0.7 & 0.0 \wedge 1.0 & 0.0 \wedge 0.6 & 0.0 \wedge 0.0 \end{bmatrix} = \begin{bmatrix} 0.7 & 1.0 & 0.6 & 0.0 \\ 0.7 & 0.8 & 0.6 & 0.0 \\ 0.5 & 0.5 & 0.5 & 0.0 \\ 0.2 & 0.2 & 0.2 & 0.0 \\ 0.0 & 0.0 & 0.0 & 0.0 \end{bmatrix}$$

例 3.21 设模糊集合 $X = \{x_1, x_2, x_3, x_4\}$，$Y = \{y_1, y_2, y_3\}$，$Z = \{z_1, z_2\}$，$Q \in X \times Y$，$R \in Y \times Z$，$S \in X \times Z$，求 S。

$$Q = \begin{bmatrix} 0.5 & 0.6 & 0.3 \\ 0.7 & 0.4 & 1 \\ 0 & 0.8 & 0 \\ 1 & 0.2 & 0.9 \end{bmatrix}, \quad R = \begin{bmatrix} 0.2 & 1 \\ 0.8 & 0.4 \\ 0.5 & 0.3 \end{bmatrix}$$

解：

$$S = Q \circ R = \begin{bmatrix} 0.5 & 0.6 & 0.3 \\ 0.7 & 0.4 & 1 \\ 0 & 0.8 & 0 \\ 1 & 0.2 & 0.9 \end{bmatrix} \circ \begin{bmatrix} 0.2 & 1 \\ 0.8 & 0.4 \\ 0.5 & 0.3 \end{bmatrix}$$

$$= \begin{bmatrix} (0.5 \wedge 0.2) \vee (0.6 \wedge 0.8) \vee (0.3 \wedge 0.5) & (0.5 \wedge 1) \vee (0.6 \wedge 0.4) \vee (0.3 \wedge 0.3) \\ (0.7 \wedge 0.2) \vee (0.4 \wedge 0.8) \vee (1 \wedge 0.5) & (0.7 \wedge 1) \vee (0.4 \wedge 0.4) \vee (1 \wedge 0.3) \\ (0 \wedge 0.2) \vee (0.8 \wedge 0.8) \vee (0 \wedge 0.5) & (0 \wedge 1) \vee (0.8 \wedge 0.4) \vee (0 \wedge 0.3) \\ (1 \wedge 0.2) \vee (0.2 \wedge 0.8) \vee (0.9 \wedge 0.5) & (1 \wedge 1) \vee (0.2 \wedge 0.4) \vee (0.9 \wedge 0.3) \end{bmatrix}$$

$$= \begin{bmatrix} 0.6 & 0.5 \\ 0.5 & 0.7 \\ 0.8 & 0.4 \\ 0.5 & 1 \end{bmatrix}$$

5．模糊推理

模糊知识表示一般依据人类思维判断的基本形式：

如果（条件）→则（结论）

例如：如果压力较高且温度在慢慢上升则阀门略开。

模糊规则：从条件论域到结论论域的模糊关系矩阵为 R。通过条件模糊向量与模糊关系 R 的合成进行模糊推理，得到结论的模糊向量，然后采用"清晰化"方法将模糊结论转换为精确量。

对 IF（A）THEN（B）类型的模糊规则的推理，若已知输入为 A，则输出为 B；若现在已知输入为 A'，则输出 B' 用合成规则求取：$B' = A' \circ R$。其中模糊关系 R：

$$\mu_R(x, y) = \min[\mu_A(x), \mu_B(y)]$$

控制规则库的 n 条规则有 n 个模糊关系：$R_1, R_2, \cdots, R_n$。对于整个系统的全部控制规则所对应的模糊关系 R：

$$R = R_1 \bigcup R_2 \bigcup \cdots \bigcup R_n = \bigcup_{i=1}^{n} R_i$$

例 3.22　已知输入的模糊集合 A 和输出的模糊集合 B：

$$A = 1.0/a_1 + 0.8/a_2 + 0.5/a_3 + 0.2/a_4 + 0.0/a_5$$

$$B = 0.7/b_1 + 1.0/b_2 + 0.6/b_3 + 0.0/b_4$$

前面已经求得模糊关系为

$$R = \begin{bmatrix} 0.7 & 1.0 & 0.6 & 0.0 \\ 0.7 & 0.8 & 0.6 & 0.0 \\ 0.5 & 0.5 & 0.5 & 0.0 \\ 0.2 & 0.2 & 0.2 & 0.0 \\ 0.0 & 0.0 & 0.0 & 0.0 \end{bmatrix}$$

输入：$A' = 0.4/a_1 + 0.7/a_2 + 1.0/a_3 + 0.6/a_4 + 0.0/a_5$

$$B' = A' \circ R = \begin{bmatrix} 0.4 \\ 0.7 \\ 1.0 \\ 0.6 \\ 0.0 \end{bmatrix}^{\mathrm{T}} \circ \begin{bmatrix} 0.7 & 1.0 & 0.6 & 0.0 \\ 0.7 & 0.8 & 0.6 & 0.0 \\ 0.5 & 0.5 & 0.5 & 0.0 \\ 0.2 & 0.2 & 0.2 & 0.0 \\ 0.0 & 0.0 & 0.0 & 0.0 \end{bmatrix} = (0.7, 0.7, 0.6, 0.0)$$

则

$$B' = 0.7/b_1 + 0.7/b_2 + 0.6/b_3 + 0.0/b_4$$

6．模糊决策

模糊决策又称"模糊判决"、"解模糊"或"清晰化"，是一个由模糊推理得到结论，或者将一个模糊向量转化为确定值的过程。模糊决策的方法有最大隶属度法、加权平均判决法、中位数法等。

最大隶属度法：

例如，得到模糊向量

$U' = 0.5/-3 + 0.5/-2 + 0.5/-1 + 0.0/0 + 0.0/1 + 0.0/2 + 0.0/3$

结论：

$$U = \frac{-3-2-1}{3} = -2$$

加权平均判决法：

$$U = \frac{\sum\limits_{i=1}^{n} \mu(u_i)u_i}{\sum\limits_{i=1}^{n} \mu(u_i)}$$

例如：

$$U' = 0.1/2 + 0.6/3 + 0.5/4 + 0.4/5 + 0.2/6$$

则

$$U = \frac{0.1 \times 2 + 0.6 \times 3 + 0.5 \times 4 + 0.4 \times 5 + 0.2 \times 6}{0.1 + 0.6 + 0.5 + 0.4 + 0.2} = 4$$

中位数法：

例如：

$$U' = 0.1/-4 + 0.5/-3 + 0.1/-2 + 0.0/-1 + 0.1/0 + 0.2/1 + 0.4/2 +$$
$$0.5/3 + 0.1/4$$

$u^* = u_6$ 时，$\sum\limits_{u_1}^{u_6} \mu(u_i) = \sum\limits_{u_7}^{u_9} \mu(u_i) = 1$，所以中位数 $u^* = u_6$，则 $U = 1$。

例如：

$$U' = 0.1/-4 + 0.5/-3 + 0.3/-2 + 0.1/-1 + 0.1/0 +$$
$$0.4/1 + 0.5/2 + 0.1/3 + 0.2/4$$

用线性插值处理，即 $\Delta u = 1.2/(1.1+1.2) = 0.522$，所以，$u^* = u_5 + \Delta u = 0.522$。

7. 模糊推理的应用

例 3.23　设有模糊控制规则："如果温度低，则将风门开大。"设温度和风门开度的论域为{1,2,3,4,5}。"温度低"和"风门大"的模糊量："温度低"=1/1+0.6/2+0.3/3+0.0/4+0/5，"风门大"=0/1+0.0/2+0.3/3+0.6/4+1/5。已知事实"温度较低"，可以表示为"温度较低"=0.8/1+1/2+0.6/3+0.3/4+0/5。试用模糊推理确定风门开度。

解：

（1）确定模糊关系 R。

$$R = \begin{bmatrix} 1.0 \\ 0.6 \\ 0.3 \\ 0.0 \\ 0.0 \end{bmatrix} \circ \begin{bmatrix} 0.0 & 0.0 & 0.3 & 0.6 & 1.0 \end{bmatrix}$$

$$= \begin{bmatrix} 0.0 & 0.0 & 0.3 & 0.6 & 1.0 \\ 0.0 & 0.0 & 0.3 & 0.6 & 0.6 \\ 0.0 & 0.0 & 0.3 & 0.3 & 0.3 \\ 0.0 & 0.0 & 0.0 & 0.0 & 0.0 \\ 0.0 & 0.0 & 0.0 & 0.0 & 0.0 \end{bmatrix}$$

（2）模糊推理。

$$B' = A' \circ R = \begin{bmatrix} 0.8 \\ 1.0 \\ 0.6 \\ 0.3 \\ 0.0 \end{bmatrix}^{\mathrm{T}} \circ \begin{bmatrix} 0.0 & 0.0 & 0.3 & 0.6 & 1.0 \\ 0.0 & 0.0 & 0.3 & 0.6 & 0.6 \\ 0.0 & 0.0 & 0.3 & 0.3 & 0.3 \\ 0.0 & 0.0 & 0.0 & 0.0 & 0.0 \\ 0.0 & 0.0 & 0.0 & 0.0 & 0.0 \end{bmatrix}$$

$$= (0.0 \quad 0.0 \quad 0.3 \quad 0.6 \quad 0.8)$$

（3）模糊决策。

用最大隶属度法进行决策得风门开度为 5。

用加权平均判决法和中位数法进行决策得风门开度为 4。

本章小结

推理是人工智能领域中一个非常重要的问题，为了让计算机具有智能，就必须使它能够进行推理。所谓推理，就是根据一定的原则，从已知的判断得出另一个新判断的思维过程。它是对人类思维的模拟。本章主要讨论了确定性推理和不确定性推理两部分内容。首先介绍了关于推理的一般概念，包括什么是推理、推理的方式及其分类、推理的控制策略、模式匹配、冲突消解策略、自然演绎推理、归结演绎推理及与/或形演绎推理等。这些基本概念不仅适用于本章，而且适用于以后章节中关于推理的讨论。其次介绍了不确定性推理的相关内容，讨论了基于经典逻辑的三种演绎推理方法。

人类有多种思维方式，相应地人工智能也有多种推理方式。其中，演绎推理与归结推理是用得较多的两种。演绎推理是由一组前提必然地推出某个结论的过程，是由一般到个别的推理，常用的推理形式是三段论，目前在知识系统中主要使用演绎推理。归结推理是从足够多的事实中归纳出一般知识的过程，是从个别到一般的推理，主要用在机器学习中。按逻辑规则进行的推理称为逻辑推理。由于逻辑有经典逻辑与非经典逻辑之分，因而逻辑推理也分为经典逻辑推理与非经典逻辑推理两大类。经典逻辑主要是指命题逻辑与一阶谓词逻辑，由于其真值只有"真"与"假"，因而经典逻辑推理中的已知事实及推出的结论都是精确的，所以又称经典逻辑推理为精确推理或确定性推理。非经典逻辑是指除经典逻辑外的那些逻辑，如多值逻辑、模糊逻辑、概率逻辑等。基于这些逻辑的推理称为非经典逻辑推理，它是一种不确定性推理。

经典逻辑推理是通过运用经典逻辑规则，从已知事实中演绎出逻辑中蕴涵的结论的。其按演绎方法不同，可分为两类：归结演绎推理与非归结演绎推理。归结演绎推理的理论基础是海伯伦理论及鲁宾逊归结原理，它是通过把公式化为子句集并运用归结规则实现对定理的证明的。归结原理的基本思想是，若欲证明子句集 S 是否可满足，则检验 S 中是否包含矛盾，或能否从 S 中导出矛盾来。如果有矛盾或者能导出矛盾，则称 S 是不可满足的。

归结过程就是检查 S 中是否包含矛盾或者能否从中导出矛盾的过程。非归结演绎推理可运用的推理规则比较丰富，有多种推理方法，本章仅讨论了自然演绎推理和与/或形演绎推理中的部分推理方法。除此以外，还有其他一些实用方法。例如，1975年 Texas 大学在其研制的自然演绎定理证明系统 IMPLY 中就提出了一种通过找到一种代换σ，使得$(P \rightarrow Q)$ σ为真，从而证明在代换σ下，P 蕴涵 Q 的方法。

按推理方向划分，与/或形演绎推理分为正向、逆向及双向三种推理。尽管每一种都有一些限制条件，但由于它不需要将公式集化为子句集，从而使一些重要的控制信息不至于丢失，同时又比较自然、直观，因而不失为是一种有效的经典逻辑方法。

不确定推理中的基本问题：

（1）证据与知识的不确定性的度量和表示；

（2）不确定性的匹配算法及其阈值；

（3）组合证据不确定性的算法；

（4）不确定性的传递算法；

（5）结论不确定性的合成。

可信度方法：可行度因子 $CF(H,E)$ 在[-1,1]上取值，反映了前提条件与结论的联系强度。如果相应证据增加了 H 的可信度，那么取 $CF(H,E)>0$，反之取 $CF(H,E)<0$。如果证据出现与否与 H 无关，那么取 $CF(H,E)=0$。

在模糊推理的逻辑过程中，集合中每个元素都被赋予一个 0 到 1 之间的实数，描述它属于一个集合的程度，就把这个实数称为元素属于一个集合的隶属度。模糊关系描述两个模糊集合中元素之间的关联度。

习题

1．什么是演绎推理？

2．什么是三段论？

3．下列说法中，正确的个数是（　　　）。

① 演绎推理是由一般到特殊的推理。

② 演绎推理得到的结论一定是正确的。

③ 演绎推理的一般模式是"三段论"形式。

④ 演绎推理得到的结论的正误与大前提、小前提和推理形式有关。

A．1　　　　　B．2　　　　　C．3　　　　　D．4

4．下列几种推理过程中，（　　　）是演绎推理。

A．两条直线平行，同旁内角互补，如果∠A 与∠B 是两条平行直线的同旁内角，则∠A+∠B=180°。

B．某校高三 1 班有 55 人，2 班有 54 人，3 班有 52 人，由此得出，高三所有班人数超过 50 人。

C．由平面三角形的性质，推测空间四面体的性质。

D．在数列 $\{a_n\}$ 中，a_1=1，$a_n = \dfrac{1}{2}\left(a_n - 1 + \dfrac{1}{a_n - 1}\right)(n \geq 2)$，由此归纳出 $\{a_n\}$ 的通项公式。

5．指出下面推理中的错误。

（1）因为自然数是整数——大前提

而-6 是整数——小前提

所以-6 是自然数——结论

（2）因为中国的大学分布于中国各地——大前提

而北京大学是中国的大学——小前提

所以北京大学分布于中国各地——结论

6．将下列演绎推理写成三段论的形式。

（1）菱形的对角线互相平分。

（2）奇数不能被 2 整除，75 不能被 2 整除，所以 75 是奇数。

7．李某家里被盗，公安局派五个警察去调查处理案情时，警察 A 说："王与钱至少有一人作案。"警察 B 说："钱与孙至少有一人作案。"警察 C 说："赵与李至少有一人作案。"警察 D 说："王与赵至少有一人与此案无关。"警察 E 说："钱与李至少有一人与此案无关。"如果这五个警察说的都可信，试用消解原理求出谁是盗窃犯。

8．判断下列公式是否可合一，若可合一，则求出其最一般合一。

（1）$P(a, b), P(x, y)$

（2）$P(f(x), b), P(y, z)$

（3）$P(f(x), y), P(y, f(b))$

（4）$P(f(y), y, x), P(x, f(a), f(b))$

（5）$P(x, y), P(y, x)$

9．判断下列子句集中哪些是不可满足的。

（1）$\{\neg P \vee Q, \neg Q, P, \neg P\}$

（2）$\{P \vee Q , \neg P \vee Q, P \vee \neg Q, \neg P \vee \neg Q \}$

（3）$\{P(y) \vee Q(y) , \neg P(f(x)) \vee R(a)\}$

（4）$\{\neg P(x) \vee Q(x) , \neg P(y) \vee R(y), P(a), S(a), \neg S(z) \vee \neg R(z)\}$

（5）$\{\neg P(x) \vee Q(f(x),a) , \neg P(h(y)) \vee Q(f(h(y)), a) \vee \neg P(z)\}$

（6）$\{P(x) \vee Q(x) \vee R(x) , \neg P(y) \vee R(y), \neg Q(a), \neg R(b)\}$

第 4 章　搜索技术

搜索技术（Search Technique）是用搜索方法寻求问题解答的技术，常表现为系统设计或为达到特定目的而寻找恰当或最优方案的各种系统化的方法。当缺乏关于系统或参数的足够知识时，很难直接达到目的，如博弈、定理证明、问题求解等情形。因此，搜索技术也是人工智能的一个重要内容。当待搜索方案的集合（称为搜索空间）具有离散的树状结构时，可用启发式的规则来加快搜索过程。当待搜索的是一维或多维空间中的数值（标量或矢量）时，可以把搜索目标定义为使某个品质函数的值最大。常见的困难在于品质函数的构造太复杂或者对其不十分了解，常规的数学分析的方法难以运用。特别是当品质函数具有多峰特性时，基于梯度驻点条件的方法都很难保证给出全局极大，而只能得到局部极大。除最简单的扫描搜索或盲目搜索外，有若干结构化的方法可以加快搜索过程，其中较重要的有斐波那契搜索、随机搜索等。

4.1　搜索技术概述

搜索是人工智能中的一项核心技术，是推理不可分割的一部分，它直接关系到智能系统的性能和运行效率。搜索问题中，主要的工作是找到正确的搜索策略。搜索策略反映了状态空间或问题空间扩展的方法，也决定了状态或问题的访问顺序。搜索策略不同，人工智能中搜索问题的命名也不同。

问题求解过程实际上是一个搜索过程。为了进行搜索，首先必须把问题用某种形式表示出来，其表示是否恰当，将直接影响搜索效率。对一个确定的问题来说，与解题有关的状态空间往往只是整个状态空间的一部分。只要能生成并存储这部分状态空间，就可求得问题的解。在人工智能中运用搜索技术解决此问题的基本思想是：首先把问题的初始状态（初始节点）作为当前状态，选择适用的算符对其进行操作，生成一组子状态（或后继状态、后继节点、子节点），然后检查目标状态是否在其中出现。若出现，则搜索成功，找到了问题的解；若不出现，则按某种搜索策略从已生成的状态中再选一个状态作为当前状态。重复上述过程，直到目标状态出现或者不再有可供操作的状态及算符为止。

4.2 图搜索策略

图搜索技术是人工智能的核心技术之一，并且在其他场合也有着非常广泛的应用。这里的图称为状态图，指由节点和有向（带权）边所组成的网络，每个节点即状态。

4.2.1 状态图知识表示

状态图知识表示要点如下。

1．状态

状态（State）是用于描述叙述性知识的一组变量或数组，也可以说是描述问题求解过程中任意时刻的数据结构。通常表示为：

$Q=\{q1,q2,\cdots,qn\}$

当给每一个分量以确定的值时，就得到一个具体的状态，每一个状态都是一个节点。实际上任何一种类型的数据结构都可以用来描述状态，只要它有利于问题求解，就可以选用。

2．操作（规则或算符）

操作（Operator）是把问题从一种状态变成另一种状态的手段。当对一个问题状态使用某个可用操作时，它将使该状态中某一些分量发生变化，从而使问题由一个具体状态变成另一个具体状态。操作可以是一个机械步骤、一个运算、一条规则或一个过程。操作可理解为状态集合上的一个函数，它描述了状态之间的关系，通常可表示为：

$F=\{f1, f2,\cdots,fm\}$

3．状态空间

状态空间（State Space）是问题的全部及一切可用算符（操作）所构成的集合，用三元组表示为：

$(\{Qs\}, \{F\}, \{Qg\})$

Qs 为初始状态，Qg 为目标状态，F 为操作（或规则）。

4．状态空间（转换）图

状态空间也可以用一个赋值的有向图来表示，该有向图称为状态空间图，在状态空间图中包含了操作和状态之间的转换关系，节点表示问题的状态，有向边表示操作。

4.2.2 状态图搜索

1. 搜索方式

用计算机来实现状态图的搜索，有两种最基本的方式：树式搜索和线式搜索。

2. 搜索策略

搜索策略大体可分为盲目搜索和启发式搜索两大类。

搜索空间示意图如图 4.1 所示。

例 4.1 硬币翻转问题。

设有三枚硬币，其初始状态为（反，正，反），允许每次翻转一枚硬币（只翻一枚硬币，且必须翻一枚硬币），必须连翻三次。问是否可以达到目标状态（正，正，正）或（反，反，反）。

问题求解过程（图 4.2）如下。

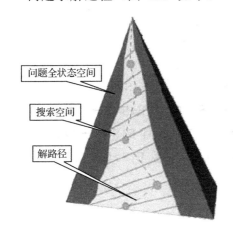

图 4.1 搜索空间示意图

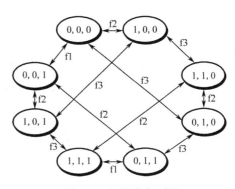

图 4.2 问题求解过程

用数组表示的话，显然每一枚硬币须占一维空间，则用三维数组状态变量表示这个知识：

Q=（q1，q2，q3）

q=0 表示硬币的正面，q=1 表示硬币的反面。

构成的问题状态空间显然为：

Q0=（0，0，0），Q1=（0，0，1），Q2=（0，1，0），Q3=（0，1，1）

Q4=（1，0，0），Q5=（1，0，1），Q6=（1，1，0），Q7=（1，1，1）

引入操作：

f1：把 q1 翻一面。

f2：把 q2 翻一面。

f3：把 q3 翻一面。

显然：F={f1，f2，f3}

目标状态：（找到的答案）Qg=（0，0，0）或（1，1，1）

例 4.2　分油问题。

有两个空油瓶，分别能装 8 斤油和 6 斤油，另有一个大油桶，里面有足够的油。我们可以从油桶中取出油灌满某一油瓶，也可以把某油瓶中的油全部倒回油桶，两个油瓶之间可以互相灌。问如何在 8 斤油瓶中精确地得到 4 斤油。

问题的求解：显然用二维数组或状态空间描述比较合适，第一位表示 8 斤油瓶油量，第二位表示 6 斤油瓶油量，构成整数序列偶（E，S）：

E=0、1、2、3、4、5、6、7、8，表示 8 斤油瓶中含有的油量。

S=0、1、2、3、4、5、6，表示 6 斤油瓶中含有的油量。

总结出如下分油操作规则。

f1：8 斤油瓶不满时装满（E，S）且 $E < 8 \rightarrow$（8，S）

f2：6 斤油瓶不满时装满（E，S）且 $S < 6 \rightarrow$（E，6）

f3：8 斤油瓶不空时倒空（E，S）且 $E > 0 \rightarrow$（0，S）

f4：6 斤油瓶不空时倒空（E，S）且 $S > 0 \rightarrow$（E，0）

f5：8 斤油瓶内油全部装入 6 斤油瓶内（E，S）$E > 0$ 且 $E+S \leqslant 6 \rightarrow$（0，E+S）

f6：6 斤油瓶内油全部装入 8 斤油瓶内（E，S）$S > 0$ 且 $E+S \leqslant 8 \rightarrow$（E+S，0）

f7：用 6 斤油瓶内的油去灌满 8 斤油瓶（E，S）且 $E < 8$ 且 $E+S \geqslant 8 \rightarrow$（8，E+S-8）

f8：用 8 斤油瓶内的油去灌满 6 斤油瓶（E，S）且 $S < 6$ 且 $E+S \geqslant 6 \rightarrow$（E+S-6，6）

例 4.3　修道士和野人问题（图 4.3）。

图 4.3　修道士和野人问题

在河的左岸有三个修道士、三个野人和一条船，修道士们想用这条船将所有的人都运过河去，但受到以下条件的限制：

（1）修道士和野人都会划船，但船一次最多只能运两个人；

（2）在任何岸边野人数目都不得超过修道士，否则修道士就会被野人吃掉。

假定野人会服从任何一种过河安排，试规划出一种确保修道士安全过河的方案。

解：先建立问题的状态空间。修道士与野人问题状态图如图 4.4 所示。问题的状态可以用一个三元数组来描述：

S=(m, c, b)

m：左岸的修道士数

c：左岸的野人数

b：左岸的船数

右岸的状态不必标出，因为：

右岸的修道士数　m'= 3-m

右岸的野人数 c'= 3-c

右岸的船数 b'= 1-b

状态	m, c, b	状态	m, c, b	状态	m, c, b	状态	m, c, b
S_0	3 3 1	S_8	1 3 1	S_{16}	3 3 0	S_{24}	1 3 0
S_1	3 2 1	S_9	1 2 1	S_{17}	3 2 0	S_{25}	1 2 0
S_2	3 1 1	S_{10}	1 1 1	S_{18}	3 1 0	S_{26}	1 1 0
S_3	3 0 1	S_{11}	1 0 1	S_{19}	3 0 0	S_{27}	1 0 0
S_4	2 3 1	S_{12}	0 3 1	S_{20}	2 3 0	S_{28}	0 3 0
S_5	2 2 1	S_{13}	0 2 1	S_{21}	2 2 0	S_{29}	0 2 0
S_6	2 1 1	S_{14}	0 1 1	S_{22}	2 1 0	S_{30}	0 1 0
S_7	2 0 1	S_{15}	0 0 1	S_{23}	2 0 0	S_{31}	0 0 0

图 4.4　修道士与野人问题状态图

4.3　盲目搜索

盲目搜索又叫非启发式搜索，是一种无信息搜索，一般只适用于求解比较简单的问题。盲目搜索通常按预定的搜索策略进行搜索，而不会考虑问题本身的特性。常用的盲目搜索有宽度优先搜索和深度优先搜索。

4.3.1　宽度优先搜索

宽度优先搜索又称广度优先搜索（BFS）。其基本思想是：从初始节点 S_0 开始进行节点扩展，考察 S_0 的第 1 个子节点是否为目标节点，若不是目标节点，则对该节点进行扩展；再考察 S_0 的第 2 个子节点是否为目标节点，若不是目标节点，则对其进行扩展；对 S_0 的所有子节点全部进行考察并扩展以后，再分别对 S_0 的所有子节点的子节点进行考察并扩展，如此向下搜索，直到发现目标状态 S_g 为止。因此，宽度优先搜索在对第 n 层的节点没有全部进行考察并扩展之前，不对第 $n+1$ 层的节点进行考察和扩展。

以九宫问题为例，对初始节点 S_0 进行扩展，有四种操作有效，产生四个子节点 S_1、S_2、S_3、S_4。对节点 S_1 进行考察后发现它不是目标节点，应对其扩展。节点 S_1 有三种有效操作，但其中空格右移得到的状态是其父节点的状态，因此此状态无效，即 S_1 节点仅有两个子节点 S_5、S_6；对节点 S_2 进行考察，同样只能生成两个子节点 S_7、S_8；依此类推，可产生搜索树（图 4.5）。

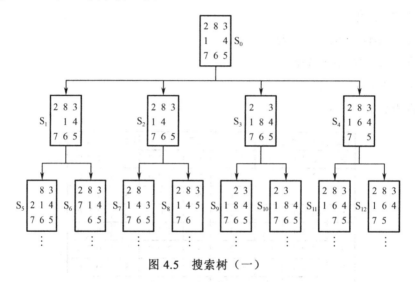

图 4.5　搜索树（一）

宽度优先搜索的盲目性较大，当目标节点离初始节点较远时，将会产生许多无用节点，搜索效率低，这是它的缺点。但是，只要问题有解，用宽度优先搜索总可以得到解，而且得到的解路径是最短的，这是它的优点。所以，宽度优先搜索是完备的搜索。

宽度优先搜索算法是最简便的图的搜索算法之一，这一算法也是很多重要的图算法的原型。Dijkstra 单源最短路径算法和 Prim 最小生成树算法都采用了和宽度优先搜索类似的思想。宽度优先搜索属于盲目搜索，目的是系统地展开并检查图中的所有节点，以找寻结果。换句话说，它并不考虑结果的可能位置，而是彻底地搜索整张图，直到找到结果为止。

4.3.2　深度优先搜索

深度优先搜索属于图算法的一种，英文缩写为 DFS（Depth First Search）。其过程简要来说是对每一个可能的分支路径深入到不能再深入为止，而且每个节点只能访问一次。

每次深度优先搜索的结果必然是图的一个连通分量，深度优先搜索可以从多点发起，如果按每个节点在深度优先搜索过程中的"结束时间"排序（具体做法是创建一个 list，然后在每个节点的相邻节点都已被访问的情况下，将该节点加入 list 结尾，最后逆转整个 List），则可以得到所谓的"拓扑排序"，即 topological sort。

深度优先搜索的基本思想是：从初始节点 S_0 开始进行节点扩展，考察 S_0 扩展的最后 1 个子节点是否为目标节点，若不是目标节点，则对该节点进行扩展；然后对其扩展节点中的最后 1 个子节点进行考察，若又不是目标节点，则对该节点进行扩展，一直如此向下扩展。当发现节点本身不能扩展时，对其 1 个兄弟节点进行扩展；如果所有的兄弟节点都不能扩展，则找到它们的父节点，对父节点的兄弟节点进行扩展；依此类推，直到发现目标节点 S_g 为止。因此，深度优先搜索存在搜索和回溯交替出现的现象。

同样，以九宫问题为例，对初始节点 S_0 进行扩展，有四种操作有效，产生 S_1、S_2、S_3、S_4 四个节点。对节点 S_4 进行考察后发现它不是目标节点，应对其进行扩展，但其中空格上移得到的状态是其父节点的状态，因此该状态无效，即 S_4 节点仅有两个子节点 S_5、S_6；对节点 S_6 进行考察后发现它不是目标节点，则进行扩展，得到 S_6 的子节点 S_7；依此类推，可产生搜索树（图 4.6）。

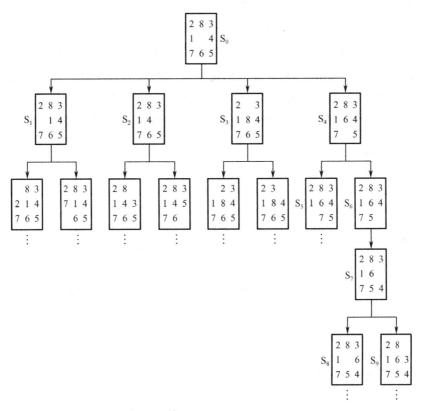

图 4.6　搜索树（二）

在深度优先搜索中，搜索一旦进入某个分支，就将沿着该分支一直向下搜索。如果目标节点恰好在此分支上，则可较快地得到问题解。但若目标节点不在该分支上，且该分支又是一个无穷分支，就不可能得到解。所以，深度优先搜索是不完备的搜索。

4.4　启发式搜索

启发式搜索（Heuristically Search）又称有信息搜索（Informed Search），利用问题拥有的启发信息来引导搜索，达到缩小搜索范围、降低问题复杂度的目的。

4.4.1　概念释义

启发式搜索可以通过指导搜索向最有希望的方向前进，降低复杂性。通过删除某些状态及其延伸，启发式搜索可以消除组合爆炸，并得到令人能接受的解（通常不一定是最佳解）。

然而，启发式搜索是极易出错的。在解决问题的过程中，启发仅仅是对下一步将要采取措施的一个猜想，常常根据经验和直觉来判断。由于启发式搜索只有有限的信息（比如当前状态的描述），要想预测进一步搜索过程中状态空间的具体行为很难。一次启发式搜索可能得到一个次最佳解，也可能一无所获。这是启发式搜索固有的局限性。这种局限性不可能由所谓更好的启发式策略或更有效的搜索算法来消除。一般来说，启发信息越强，扩展的无用节点就越少。引入强的启发信息，有可能大大降低搜索工作量，但不能保证找到最小耗散值的解路径（最佳路径）。因此，在实际应用中，最好能引入降低搜索工作量的启发信息且不牺牲找到最佳路径的保证。

4.4.2　估价函数

用于评价节点重要性的函数称为估价函数，其一般形式为

$$f(x)=g(x)+h(x)$$

式中，$g(x)$ 为从初始节点到节点 x 付出的实际代价，$h(x)$ 为从节点 x 到目标节点的最优路径的估计代价。启发性信息主要体现在 $h(x)$ 中，其形式要根据问题的特性来确定。

虽然启发式搜索有望很快到达目标节点，但需要花费一些时间来对新生节点进行评价。因此，在启发式搜索中，估计函数的定义是十分重要的。如定义不当，则上述搜索算法不一定能找到问题的解，即使找到解，也不一定是最优的。

4.4.3　启发式搜索算法 A

启发式搜索算法 A，一般简称 A 算法，是一种典型的启发式搜索算法。其基本思

想是：定义一个评价函数，对当前的搜索状态进行评估，找出一个最有希望的节点来扩展。

评价函数的形式如下：

$$f(n)=g(n)+h(n)$$

其中，n 是被评价的节点。

f(n)、g(n)和 h(n)各自表示什么含义？我们先来定义下面几个函数的含义，它们与 f(n)、g(n)和 h(n)的差别是带有一个"*"号。

g*(n)：表示从初始节点 s 到节点 n 的最短路径的耗散值。

h*(n)：表示从节点 n 到目标节点 g 的最短路径的耗散值。

f*(n)=g*(n)+h*(n)：表示从初始节点 s 经过节点 n 到目标节点 g 的最短路径的耗散值。

而 f(n)、g(n)和 h(n)则分别表示 f*(n)、g*(n)和 h*(n)三个函数值的估计值，是一种预测。A 算法就利用这种预测，来达到有效搜索的目的。它每次按照 f(n)值的大小对 OPEN 表中的元素进行排序，f 值小的节点放在前面，f 值大的节点则放在 OPEN 表的后面，这样每次扩展节点时，都选择当前 f 值最小的节点来优先扩展。

利用评价函数 f(n)=g(n)+h(n)来排列 OPEN 表节点顺序的图搜索算法称为 A 算法。过程如下。

① OPEN:=(s)，f(s):=g(s)+h(s)

② LOOP：IF OPEN=( ) THEN EXIT(FAIL)

③ n:=FIRST(OPEN)

④ IF GOAL(n) THEN EXIT(SUCCESS)

⑤ REMOVE(n,OPEN)，ADD(n,CLOSED)

⑥ EXPAND(n)→{mi}，计算 f(n,mi)=g(n,mi)+h(mi)；g(n,mi)是从 s 通过 n 到 mi 的耗散值，f(n,mi)是从 s 通过 n、mi 到目标节点耗散值的估计。

● ADD(mi,OPEN)，标记 mi 到 n 的指针。

● IF f(n,mk)<f(mk) THEN f(mk):=f(n,mk)，标记 mk 到 n 的指针；比较 f(n,mk)和 f(mk)，f(mk)是扩展 n 之前计算的耗散值。

● IF f(n,m1)<f(m1) THEN f(m1):=f(n,m1)，标记 m1 到 n 的指针，ADD(m1,OPEN)；当 f(n,m1)<f(m1)时，把 m1 重放回 OPEN 表中，不必考虑修改到其子节点的指针。

⑦ OPEN 表中的节点按 f 值从小到大排序。

⑧ GO LOOP。

A 算法同样由一般的图搜索算法改变而成。在算法的第 7 步，按照 f 值从小到大对 OPEN 表中的节点进行排序，体现了 A 算法的意义。

算法要计算 f(n)、g(n)和 h(n)的值，g(n)根据已经搜索的结果，按照从初始节点 s

到节点 n 的路径，计算这条路径的耗散值就可以了。而 h(n)是与问题有关的，需要根据具体的问题来定义。有了 g(n)和 h(n)的值，将它们加起来就得到 f(n)的值。

请大家注意 A 算法的结束条件：当从 OPEN 表中取出第一个节点时，如果该节点是目标节点，则算法成功结束。也就是说，只要目标节点出现就立即结束。我们在后面将会看到，正是有了这样的结束判断条件，才使得 A 算法有很好的性质。

算法中，f(n)规定为对从初始节点 s 出发约束通过节点 n 到达目标点 t 最小耗散值路径的耗散值 f*(n)的估计值，通常取正值。f(n)由两个分量组成，其中 g(n)是从 s 到 n 的最小耗散值路径的耗散值 g*(n)的估计值，h(n)是从 n 到目标节点 t 的最小耗散值路径的耗散值 h*(n)的估计值。

设函数 k(ni,nj)表示最小耗散值路径的实际耗散值（当 ni 到 nj 无通路时，k(ni,nj)无意义），则 g*(n)=k(s,n)，h*(n)=min k(n,ti)，其中 ti 是目标节点集，k(n,ti)就是从 n 到每一个目标节点最小耗散值路径的耗散值，h*(n)是其中最小值的那条路径的耗散值，而具有 h*(n)值的路径是 n 到 ti 的最佳路径。由此可得 f*(n)=g*(n)+h*(n)就表示 s →ti 并约束通过节点 n 的最佳路径的耗散值。当 n=s 时，f*(s)=h*(s)则表示 s→ti 无约束的最佳路径的耗散值，这样一来，所定义的 f(n)=g(n)+h(n)就是对 f*(n)的一个估计。g(n)的值实际上很容易从到目前为止的搜索树上计算出来，不必专门定义计算公式，也就是根据搜索历史情况对 g*(n)做出估计，显然有 g(n)≥g*(n)。

h(n)则依赖于启发信息，通常称为启发函数，要对未来扩展的方向做出估计。A 算法按 f(n)递增的顺序来排列 OPEN 表中的节点，因而优先扩展 f(n)值小的节点，体现了好的优先搜索思想，所以 A 算法是一个好的优先搜索策略。图 4.7 显示了当前要扩展的节点 n 之前的搜索图，扩展节点 n 后新生成的子节点 m1(∈{mj})、m2(∈{mk})、m3(∈{ml})要分别计算其评价函数值。

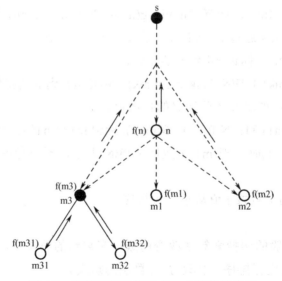

图 4.7　当前要扩展的节点 n 之前的搜索图

f(m1)=g(m1)+h(m1)

f(n,m2)=g(n,m2)+h(m2)

f(n,m3)=g(n,m3)+h(m3)

然后按第 6 步条件进行指针设置,按第 7 步重排 OPEN 表节点顺序,以便确定下一次要扩展的节点。

用 A 算法来求解一个问题,最主要的就是要定义启发函数 h(n)。对于 8 数码问题,一种简单的启发函数的定义是:

h(n)=不在位的将牌数

什么是"不在位的将牌数"呢?我们来看图 4.8。

其中,左边的图是 8 数码问题的一个初始状态,右边的图是 8 数码问题的目标状态。我们拿初始状态和目标状态相比较,看初始状态的哪些将牌不在目标状态的位置上,这些将牌的数目就是"不在位的将牌数"。比较发现

图 4.8 8 数码问题的初始状态和目标状态

1、2、6 和 8 四个将牌不在目标状态的位置上,所以初始状态的"不在位的将牌数"就是 4,也就是初始状态的 h 值。其他状态的 h 值也按照此方法计算。

下面再以 8 数码问题为例说明好的优先搜索策略的应用过程。设评价函数 f(n)形式如下:

$$f(n)=d(n)+W(n)$$

其中,d(n)代表节点的深度,取 g(n)=d(n)表示讨论单位耗散的情况;取 h(n)=W(n)表示以"不在位的将牌数"作为启发函数的度量,这时 f(n)可估计出通向目标节点的希望程度。图 4.9 所示为 8 数码问题的搜索树,图中括号中的数字表示该节点的评价函数值 f。算法每一循环结束时,其 OPEN 表和 CLOSED 表的排列如图 4.10 所示。

根据目标节点 L 返回到 s 的指针,可得解路径 s(4)、B(4)、D(5)、E(5)、I(5)、K(5)、L(5)。

图 4.9 给出的是使用 A 算法求解 8 数码问题的搜索树。其中,A、B、C 等符号只是标记节点的名称,没有特殊意义。

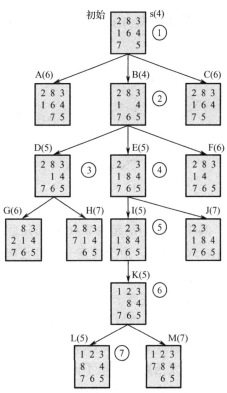

图 4.9 8 数码问题的搜索树

从图 4.10 中可以看出,在第二步选择节点 B 扩展之后,OPEN 表中 f 值最小的节点有 D 和 E 两个节点,它们的 f 值都是 5。在出现相同的 f 值时,A 算法并没有规定

首先扩展哪个节点，可以任意选择其中的一个节点首先扩展。

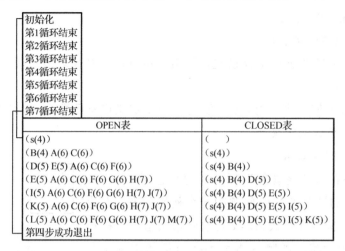

	OPEN表	CLOSED表
初始化		
第1循环结束		
第2循环结束		
第3循环结束		
第4循环结束		
第5循环结束		
第6循环结束		
第7循环结束		
	（s(4)）	（　　）
	（B(4) A(6) C(6)）	（s(4)）
	（D(5) E(5) A(6) C(6) F(6)）	（s(4) B(4)）
	（E(5) A(6) C(6) F(6) G(6) H(7)）	（s(4) B(4) D(5)）
	（I(5) A(6) C(6) F(6) G(6) H(7) J(7)）	（s(4) B(4) D(5) E(5)）
	（K(5) A(6) C(6) F(6) G(6) H(7) J(7)）	（s(4) B(4) D(5) E(5) I(5)）
	（L(5) A(6) C(6) F(6) G(6) H(7) J(7) M(7)）	（s(4) B(4) D(5) E(5) I(5) K(5)）
	第四步成功退出	

图 4.10　算法每一循环结束时，其 OPEN 表和 CLOSED 表的排列

4.4.4　A*算法

A*算法（图 4.11）是一种启发式搜索，它利用估价函数 F(N)找出最接近目标状态的状态，再去搜索，搜索方式类似于广度优先搜索。

图 4.11 中的黑点就是当前已经搜索到的状态，白点（T 点）为目标状态，那么就应当选取离 T 点最近的点，即 A 点，先进行扩展。

图 4.11 中，各条路径从 S 点到 T 点的"距离"的计算，即估价函数，就是 A*算法的核心。

估价函数 F(N)=G(N)+H(N)。

图 4.11　A*算法

其中，G(N)是起始节点 S 到任意节点 N 的最佳路径的实际代价 G*(N)的估算值（G(N)≥G*(N)），由于搜索一般是正向的，即搜索到 N 时 G*(N)已经被计算出来了，所以一般情况下可以认为 G(N)=G*(N)。

H(N)是从任意节点 N 到目标节点 T 的最佳路径的实际代价 H*(N)的估算值（H(N)≤H*(N)），称为启发函数。当 H(N)=0 时，此搜索就是广度优先搜索。

启发函数 H(N)在 A*算法中的作用最为重要，它不是一个固定的算法，不同的问题，其启发函数一般也不同。

一个正确的 A*算法必须满足：

① H(N)小于节点 N 到目标节点 T 的实际代价，即 H(N)≤H*(N)。

② 任意节点 N 的扩展节点 M 必定满足 F(M)≥F(N)。

对于 A*算法，很明显每次扩展节点都应当选择 F 值尽可能小的待扩展节点进行搜索。可以看出，待扩展节点的变化是动态的，对某个节点进行扩展之后，此节点不再是待扩展节点，并且会得到新的待扩展节点。因此，我们可以用堆进行实现。

我们可以对待扩展节点按照小根堆的模式建堆，每次取出代价最小的节点，维护堆，然后插入扩展节点，维护堆。

当堆空时，若依旧无法找到目标节点，则搜索无结果（没有节点可以继续扩展）。

例 4.4　8 数码问题。

在一个 3×3 的矩阵中有数码 1～8 的 8 个滑牌，矩阵中存在一个空位，用 0 表示，任意一个滑牌都可以移动到相邻的空位。

现在给出一个当前状态、一个目标状态，要求输出最小移动步数和每一个移动步骤。如果无法达到目标状态，则输出-1。

输入样例：

1 2 3

4 5 6

7 8 0

1 2 3

4 5 6

7 0 8

输出样例：

1

1 2 3

4 5 6

7 8 0

1 2 3

4 5 6

7 0 8

题目分析：

对于这个问题，很明显 G(N)就是起始状态到当前状态的步数，问题就是 H(N)如何处理。由于需要满足 H(N)≤H*(N)，所以我们可以把当前状态和目标状态相差的个数作为 H(N)。

另外，8 数码的每一个状态都可以看成排列，所以可以用康托展开式压缩状态。

代码：

```
//A*算法 8 数码问题
#include<iostream>
#include<string.h>
```

```
#define base 99999999
using namespace std;

struct X
{
    int now,x,s;
    //分别存储当前状态、康托展开式编号 0 的位置
}p[37000];
struct X tmp,d;
//总状态数为 9!=362880
int h[370000]={0},g[370000]={0};
//判重+记录到某种状态的 H(N),G(N)
int all=0,now[9]={0},end[9]={0};
//分别记录待扩展节点数、当前状态、目标状态
bool in_[370000]={0};        //表示某个节点是否在堆内
int cantor(int s[])          //用康托展开式压缩
{
    int num=0,i=0,j=0,b=0;
    for(i=8;i>=1;--i)
    {
        b=s[i];
        for(j=8;j>i;--j)
            if(s[j]<s[i])
                --b;
        num+=b;
        num*=i;
    }
    return num;
}

int cps(int s[])  //压缩状态
{
    int i=0,num=0;
    for(i=0;i<9;++i)
        num=num*10+s[i];
    return num;
}

void dcp(int num,int s[])        //解压缩状态
{
```

```
    int i=0;
    for(i=8;i>=0;--i)
        s[i]=num%10,num/=10;
    return;
}


int h_(int s[])                     //启发函数 H(N)
{
    int i=0,num=0;
    for(i=0;i<9;++i)
        if(s[i]!=end[i])
            ++num;
    return num;
}


void init()
{
    int i=0;
    char a=0;
    memset(g,-1,sizeof(g));
    memset(h,-1,sizeof(h));
    for(i=0;i<9;++i)
    {
        cin>>now[i];
        if(now[i]==0)
            p[1].s=i;
    }
    for(i=0;i<9;++i)
        cin>>end[i];
    p[1].x=cantor(&now[0]);
    p[1].now=cps(&now[0]);
    g[p[1].x]=0;h[p[1].x]=h_(&now[0]);
    in_[p[1].x]=1;
    all=1;
}


void mtd(int x)                     //维护堆
{
    int d=x;
    if(x*2<=all && g[p[x*2].x]+h[p[x*2].x]<g[p[d].x]+h[p[d].x])
```

```
        d=x*2;
        if(x*2+1<=all && g[p[x*2+1].x]+h[p[x*2+1].x]<g[p[d].x]+h[p[d].x])
            d=x*2+1;
        if(d!=x)
        {
            tmp=p[x],p[x]=p[d],p[d]=tmp;
            mtd(d);
        }
}


void mtu(int x)                        //维护堆
{
    while(x>1 && g[p[x].x]+h[p[x].x]<g[p[x/2].x]+h[p[x/2].x])
        tmp=p[x],p[x]=p[x/2],p[x/2]=tmp,x/=2;
}


void Try(int step)
{
    int num=cantor(&now[0]);
    if(g[num]==-1 || g[num]>g[d.x]+1)
    {
        g[num]=g[d.x]+1;
        if(in_[num]==0)
        {
            ++all;if(h[num]==-1)h[num]=h_(&now[0]);
            p[all].x=num,p[all].now=cps(&now[0]),p[all].s=step;
            mtu(all);in_[num]=1;
        }
    }
    return;
}


void A_()
{
    int temp=0;
    while(all>=1)
    {
        if(h[p[1].x]==0)
            {cout<<h[p[1].x]+g[p[1].x]<<"\n";return;}
        d=p[1],p[1]=p[all],--all;        //取出堆顶节点
```

```
        mtd(1);in_[d.x]=0;
        dcp(d.now,&now[0]);
        if(d.s>2)
        {
            temp=now[d.s],now[d.s]=now[d.s-3],now[d.s-3]=temp;
            Try(d.s-3);
            temp=now[d.s],now[d.s]=now[d.s-3],now[d.s-3]=temp;
        }
        if(d.s%3!=0)
        {
            temp=now[d.s],now[d.s]=now[d.s-1],now[d.s-1]=temp;
            Try(d.s-1);
            temp=now[d.s],now[d.s]=now[d.s-1],now[d.s-1]=temp;
        }
        if((d.s+1)%3!=0)
        {
            temp=now[d.s],now[d.s]=now[d.s+1],now[d.s+1]=temp;
            Try(d.s+1);
            temp=now[d.s],now[d.s]=now[d.s+1],now[d.s+1]=temp;
        }
        if(d.s<6)
        {
            temp=now[d.s],now[d.s]=now[d.s+3],now[d.s+3]=temp;
            Try(d.s+3);
            temp=now[d.s],now[d.s]=now[d.s+3],now[d.s+3]=temp;
        }
    }
    cout<<"-1\n";
    return;
}

int main()
{
    freopen("input.in","r",stdin);
    freopen("output.out","w",stdout);
    init();
    A_();
    return 0;
}
```

例 4.5 第 K 短路问题。

一个有向图，已知每条边的长度，要求输出 S 节点到 T 节点的第 K 短路长度。若不存在第 K 短路，则输出-1。

输入格式：

第一行有两个数 N 和 M，分别表示节点数和边数（1≤N≤1000，0≤M≤100000）。

接下来 M 行每行三个数 A、B、L，表示 A 到 B 的长度为 L（1≤A，B≤N，1≤L≤100）。

最后一行有三个数 S、T、K，含义如题中所述（1≤S，T≤N，1≤K≤1000）。

输出格式：

输出第 K 短路长度，若不存在第 K 短路，则输出-1。

输入样例：

2 2

1 2 5

2 1 4

1 2 2

输出样例：

14

题目分析：

这是经典的 A*算法题，我们可以先用 Dijkstra 求出任意节点到 T 节点的最短路径，这样就有 H*(N)=H(N)，启发函数的问题就解决了。然后从 S 节点开始搜索，显然，由于 A*算法的特性，第 K 个位于堆顶的 T 节点的路径长度就是第 K 短路长度。

需要注意的有三点：

① 由于边是有向的，所以为了从 T 节点开始用 Dijkstra 求最短路径，必须存储反边。

② 因为可能存在重边，所以必须用邻接表存储边。

③ 每条"路"必须有路径覆盖，例如当 S=T 时，最短路径不是 0，必须要"走路"。

代码：

```cpp
//A*算法解决第K短路问题
#include<iostream>
#include<string.h>
#include<stdio.h>
#define base 99999999
using namespace std;
```

```
struct X
{
    struct X *next;
    int to,len;
}edge[2000005];                    //用邻接表存储边

struct Y
{
    int g,x;
    //分别记录当前节点的G(N)和节点编号
}list[1000005];

struct X * map[1005]={NULL},* tmap[1005]={NULL},* temp=NULL;
int h[1005]={0},in_[1005]={0},n=0,m=0,s=0,t=0,num=0,k=0, all=0;
bool get[1005]={0};

void init() //输入
{
    int a=0,b=0,l=0;
    scanf("%d %d\n",&n,&m);        //由于输入数据庞大,用scanf输入
    for(int i=1;i<=m;++i)
    {
        scanf("%d %d %d\n",&a,&b,&l);
        temp=&edge[++all];         //连边
        temp->next=map[a];temp->to=b;temp->len=l;
        map[a]=temp;
        temp=&edge[++all];         //连反边
        temp->next=tmap[b];temp->to=a;temp->len=l;
        tmap[b]=temp;
    }
    scanf("%d %d %d\n",&s,&t,&k);
}

void dijkstra()                    //用Dijkstra求最短路径
{
    memset(h,-1,sizeof(h));
    int i=0,j=0,d=0;
    h[t]=0,get[t]=1;
    h[0]=base,d=t;
    for(i=1;i<n;++i)
```

```
    {
        for(temp=tmap[d];temp!=NULL;temp=temp->next)
            if(h[temp->to]==-1 || h[d]+temp->len<h[temp->to])
                h[temp->to]=h[d]+temp->len;
        d=0;
        for(j=1;j<=n;++j)
            if(!get[j] && h[j]!=-1 && h[j]<h[d])
                d=j;
        get[d]=1;
        if(d==0)break;
    }
    for(i=1;i<=n;++i)
        if(h[i]==-1)
            h[i]=base;
}


void mtd(int x)                    //维护堆
{
    if(x>all)return;
    int d=x;
    struct Y tmp;
    if(2*x<=all && list[2*x].g+h[list[2*x].x]<list[d].g+h[list[d].x])
        d=2*x;
    if(2*x+1<=all && list[2*x+1].g+h[list[2*x+1].x]<list[d].g+h[list[d].x])
        d=2*x+1;
    if(d!=x)
    {
        tmp=list[d],list[d]=list[x],list[x]=tmp;
        mtd(d);
    }
}


void mtu(int x)          //维护堆
{
    struct Y tmp;
    while(x>1 && list[x].g+h[list[x].x]<list[x/2].g+h[list[x/2].x])
    {
        tmp=list[x],list[x]=list[x/2],list[x/2]=tmp;
        x=x/2;
```

```
        }
    }

    void A_()
    {
        struct Y tmp;
        all=1;list[1].x=s,list[1].g=0;
        while(all>=1)
        {
            tmp=list[1];      //取出堆顶节点
            list[1]=list[all];
            --all;mtd(1);
            for(temp=map[tmp.x];temp!=NULL;temp=temp->next)
                if(in_[temp->to]<k)
                {
                    ++all;    //添加带扩展节点
                    list[all].x=temp->to;
                    list[all].g=tmp.g+temp->len;
                    mtu(all);
                }
            if(all>=1)++in_[list[1].x];
            if(all>=1 && list[1].x==t) //由于可能出现 S=T 的情况，故将判断放
在末尾
            {
                ++num;
                if(num==k)
                    {cout<<list[1].g<<"\n";return;}
            }

        }
        cout<<"-1\n";
    }

    int main()
    {
        freopen("input.in","r",stdin);
        freopen("output.out","w",stdout);
        init();
        dijkstra();
        A_();
```

```
    return 0;
}
```

4.5　博弈搜索

4.5.1　博弈概述

诸如下棋、打牌等一类竞争性智能活动称为博弈。博弈有很多种,我们讨论最简单的"二人零和、全信息、非偶然"博弈,其特征如下。

（1）对垒的 MAX、MIN 双方轮流采取行动,博弈的结果只有三种情况:MAX 方胜,MIN 方败;MIN 方胜,MAX 方败;和局。

（2）在对垒过程中,任何一方都了解当前的格局及过去的历史。

（3）任何一方在采取行动前都要根据当前的实际情况,进行得失分析,选取对自己最有利而对对方最不利的对策,不存在掷骰子之类的"碰运气"因素。即双方都是很理智地决定自己的行动。

在博弈过程中,任何一方都希望自己取得胜利。因此,当某一方当前有多个行动方案可供选择时,他总是挑选对自己最为有利而对对方最为不利的那个行动方案。此时,如果我们站在 MAX 方的立场上,则可供 MAX 方选择的若干行动方案之间是"或"关系,因为主动权在 MAX 方手里,他或者选择这个行动方案,或者选择那个行动方案,完全由 MAX 方自己决定。当 MAX 方选取任一方案走了一步后,MIN 方也有若干个可供选择的行动方案,此时这些行动方案对 MAX 方来说它们之间是"与"关系,因为这时主动权在 MIN 方手里,这些可供选择的行动方案中的任何一个都可能被 MIN 方选中,MAX 方必须应付每一种情况的发生。

这样,如果站在某一方（如 MAX 方,即 MAX 方要取胜）的立场上,把上述博弈过程用图表示出来,则得到的是一棵"与或树"。描述博弈过程的与或树称为博弈树,它有如下特点。

（1）博弈的初始格局是初始节点。

（2）在博弈树中,"或"节点和"与"节点是逐层交替出现的。自己一方扩展的节点之间是"或"关系,对方扩展的节点之间是"与"关系。双方轮流扩展节点。

（3）所有自己一方获胜的终局都是本原问题,相应的节点是可解节点;所有对方获胜的终局的相应节点都被认为是不可解节点。

我们假定 MAX 先走,处于奇数深度级的节点都对应下一步由 MAX 走,这些节点称为 MAX 节点。相应地,偶数级的节点称为 MIN 节点。

4.5.2　极小极大分析法

在二人博弈问题中，为了从众多可供选择的行动方案中选出一个对自己最为有利的行动方案，就需要对当前的情况及将要发生的情况进行分析，通过某种搜索算法从中选出最优的方案。

最常使用的分析方法是极小极大分析法。其基本思想或算法如下。

（1）设博弈的双方中一方为 MAX，另一方为 MIN，然后为其中的一方（例如 MAX 方）寻找一个最优行动方案。

（2）为了找到当前的最优行动方案，需要对各个可能的方案所产生的后果进行比较。具体地说，就是要考虑每一方案实施后对方可能采取的所有行动，并计算可能的得分。

（3）为计算得分，需要根据问题的特性信息定义一个估价函数，用来估算当前博弈树端节点的得分。此时估算出来的得分称为静态估值。

（4）当端节点的估值计算出来后，再推算出父节点的得分。推算的方法是：对"或"节点，选其子节点中一个最大的得分作为父节点的得分，这是为了使自己在可供选择的方案中选一个对自己最有利的方案；对"与"节点，选其子节点中一个最小的得分作为父节点的得分，这是为了立足于最坏的情况。这样计算出的父节点的得分称为倒推值。

（5）如果一个行动方案能获得最大的倒推值，则它就是当前最好的行动方案。

在博弈问题中，每一个格局可供选择的行动方案都有很多，因此会生成十分庞大的博弈树。试图利用完整的博弈树来进行极小极大分析是困难的。可行的办法是只生成一定深度的博弈树，然后进行极小极大分析，找出当前最好的行动方案。在此之后，再在已选定的分支上扩展一定深度，并选出最好的行动方案。如此进行下去，直到取得胜败的结果为止。至于每次生成博弈树的深度，当然是越大越好，但由于受到计算机存储空间的限制，只好根据实际情况而定。

4.5.3　α-β 剪枝技术

首先分析极小极大分析法的效率：上述极小极大分析法，实际是先生成一棵博弈树，然后计算其倒推值，致使极小极大分析法效率较低。于是在极小极大分析法的基础上提出了 α-β 剪枝技术。

α-β 剪枝技术的基本思想或算法是：边生成博弈树，边计算评估各节点的倒推值，并且根据评估出的倒推值范围，及时停止扩展那些已无必要再扩展的子节点，即相当于剪去了博弈树上的一些分枝，从而节约了机器开销，提高了搜索效率。具体的剪枝方法如下。

（1）对于一个与节点 MIN，若能估计出其倒推值的上确界 β，并且这个 β 值不大于 MIN 的父节点（一定是或节点）的估计倒推值的下确界 α，即 α≥β，就不必再扩展该 MIN 节点的其余子节点了（因为这些节点的估值对 MIN 父节点的倒推值已无任何影响）。这一过程称为 α 剪枝。

（2）对于一个或节点 MAX，若能估计出其倒推值的下确界 α，并且这个 α 值不小于 MAX 的父节点（一定是与节点）的估计倒推值的上确界 β，即 α≥β，就不必再扩展该 MAX 节点的其余子节点了（因为这些节点的估值对 MAX 父节点的倒推值已无任何影响）。这一过程称为 β 剪枝。

从算法中看出：

（1）MAX 节点（包括起始节点）的 α 值永不减小。

（2）MIN 节点（包括起始节点）的 β 值永不增大。

在搜索期间，α 和 β 值的计算如下：

（1）一个 MAX 节点的 α 值等于其后继节点当前最大的最终倒推值。

（2）一个 MIN 节点的 β 值等于其后继节点当前最小的最终倒推值。

本章小结

搜索技术在人工智能中起着重要作用，人工智能的推理机制就是通过搜索实现的，很多问题也可以转化为状况空间的搜索问题。深度优先搜索和宽度优先搜索是常用的盲目搜索方法，具有通用性好的特点，但往往效率低下，不适合求解复杂问题。启发式搜索利用问题相关的启发信息，可以缩小搜索范围，提高搜索效率。A*算法是一种典型的启发式搜索算法，可以通过定义启发函数提高搜索效率，并可以在问题有解的情况下找到问题的最优解。计算机博弈（计算机下棋）也是典型的搜索问题，计算机通过搜索寻找最好的下棋走法。像象棋、围棋这样的棋类游戏具有非常多的状态，不可能通过穷举的办法达到战胜人类棋手的水平，算法在其中起着重要作用。

AlphaGo 将深度学习方法引入蒙特卡洛树搜索，主要设计了两个深度学习网络，一个为策略网络，用于评估可能的下子点，从众多的可下子点中选择若干个认为最好的可下子点，这样就极大地缩小了蒙特卡洛树搜索中扩展节点的范围；另一个为估值网络，可以对给定的棋局进行估值，在模拟过程中不需要模拟到棋局结束就可以利用估值网络判断棋局是否有利。这样就可以在规定的时间内实现更多的搜索和模拟，从而达到提高围棋程序下棋水平的目的。除此之外，AlphaGo 还把增强学习引入了计算机围棋，通过不断自我学习提高其下棋水平。通过采用这样一种方法，AlphaGo 具有了战胜人类最高水平棋手的能力。

习题

1．综述图搜索的方式和策略。

2．设有三个大小不等的圆盘 A、B、C 套在一根轴上，每个圆盘上都标有数字 1234，并且每个圆盘都可以独立地绕轴做逆时针转动，每次转动 90°，其初始状态和目标状态如图 4.12 所示，请分别画出广度优先搜索和深度优先搜索的搜索树，并求出从 S0 到 Sg 的路径。

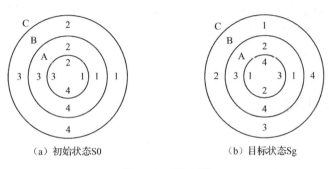

（a）初始状态S0　　　　　　（b）目标状态Sg

图 4.12　题 2 图

3．代价树如图 4.13 所示，分别给出宽度优先及深度优先搜索策略下的搜索过程和解。其中，F、I、J、L 是目标节点。

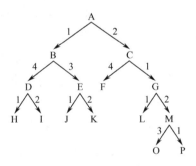

图 4.13　题 3 图

第 5 章　机器学习

从人工智能的发展过程来看，机器学习是继专家系统之后的又一个重要研究领域，也是人工智能和神经计算的核心研究课题之一。现有的计算机系统和人工智能系统大多数没有学习能力，或者只有非常有限的学习能力，因而不能满足科技和生产的要求。本章将介绍机器学习的基本问题，首先介绍机器学习的定义和发展历史，然后分别讨论机器学习的三种典型方法。

5.1　机器学习的发展

5.1.1　什么是机器学习

机器学习（Machine Learning，ML）是人工智能的一个分支。人工智能的研究历史有着一条从以"推理"为重点，到以"知识"为重点，再到以"学习"为重点的自然、清晰的脉络。机器学习已发展成为一门多领域交叉学科，涉及概率论、统计学、逼近论、凸分析、计算复杂性理论等多门学科。

在学习此理论之前，我们要了解学习是什么。学习是人类具有的一种重要智能行为，但究竟什么是学习，长期以来却众说纷纭。社会学家、逻辑学家和心理学家都有不同的看法。在心理学家眼中，学习是指"人类生产生活中产生的一系列实践经验"。人工智能大师西蒙认为"学习就是系统在不断重复的工作中对本身能力的增强或者改进，使得系统在下一次执行同样任务或类似任务时，会比现在做得更好或效率更高"。到目前为止，与机器学习相关的文献基本上都认为学习就是不断积累经验以完善自身的不足。

上述观点虽然不尽相同，但都包含了知识获取和能力改善这两个主要方面。知识获取是指获得知识、积累经验、发现规律等；能力改善是指改进性能、适应环境、实现自我完善等。在学习过程中，知识获取和能力改善是密切相关的，知识获取是学习的核心，能力改善是学习的结果。因此，我们可以对学习给出一般的解释：学习是一个有特定目的的知识获取和能力增长的过程，其内在的行为是获得知识、积累经验、发现规律，其外部的表现是改进性能、适应环境、实现自我完善。

那什么是机器学习？至今还没有统一的"机器学习"的定义，也很难给出一个公认和准确的定义。机器学习有下面几种定义：

（1）机器学习是一门人工智能的学科，该领域的主要研究对象是人工智能，特别是如何在经验学习中改善具体算法的性能。

（2）机器学习是对能通过经验自动改进的计算机算法的研究。

（3）机器学习是用数据或以往的经验来优化计算机程序的性能。

（4）经常引用的英文定义是：A computer program is said to learn from experience E with respect to some class of tasks T and performance measure P, if its performance at tasks in T, as measured by P, improves with experience E.

为了便于进行讨论和估计学科的进展，有必要对机器学习给出定义，即使这种定义是不完全的和不充分的。顾名思义，机器学习是研究如何使用机器来模拟人类学习活动的一门学科。稍为严格的提法是：机器学习是一门研究机器获取新知识和新技能，并识别现有知识的学问。这里所说的"机器"，指的就是计算机，现在是电子计算机，以后可能是中子计算机、光子计算机或神经计算机等。

5.1.2　机器学习的发展历史和研究现状

1．机器学习的发展历史

自从 20 世纪 50 年代开始研究机器学习以来，不同时期的研究途径和目标也不同，它的发展过程大致分为四个阶段。

第一阶段是 20 世纪 50 年代中期到 60 年代中期，属于"热烈"时期。在这个阶段，所研究的是"没有知识"的学习，即"无知"学习。其研究目标是各类自组织系统和自适应系统，其主要研究方法是不断修改系统的控制参数和改进系统的执行能力，不涉及与具体任务有关的知识。本阶段的代表性工作是塞缪尔（Samuel）的下棋程序。但这种学习的结果远不能满足人们对机器学习系统的期望。

第二阶段是 20 世纪 60 年代中期到 70 年代中期，被称为机器学习的"冷静"时期。本阶段的研究目标是模拟人类的概念学习过程，并采用逻辑结构或图结构作为机器内部描述。本阶段的代表性工作有温斯顿（Winston）的结构学习系统和海斯罗思（Hayes-Roth）等的基本逻辑的归纳学习系统。

第三阶段是 20 世纪 70 年代中期到 80 年代中期，被称为"复兴"时期。在此阶段，人们从学习单个概念扩展到学习多个概念，探索不同的学习策略和方法，且在本阶段已开始把学习系统与各种应用结合起来，并取得了很大的成功，促进了机器学习的发展。1980 年，在美国的卡耐基梅隆大学（CMU）召开了第一届机器学习国际研讨会，标志着机器学习研究已在全世界兴起。此后，机器学习得到了大量应用。

第四阶段是 20 世纪 80 年代中期至今，这是机器学习的最新阶段。这个阶段的机器学习具有如下特点：

（1）机器学习已成为新的边缘学科，它综合应用了心理学、生物学、神经生理学、数学、自动化和计算机科学等，形成了机器学习理论基础。

（2）融合了各种学习方法，且形式多样的集成学习系统的研究正在兴起。

（3）机器学习与人工智能各种基础问题的统一性观点正在形成。

（4）与机器学习有关的学术活动空前活跃。

2．机器学习的研究现状

机器学习研究的进展对社会经济的影响是非常巨大的。美国航空航天局 JPL 实验室的科学家在《科学》杂志（2001 年 9 月）上撰文指出：机器学习对科学研究的整个过程正起到越来越大的支持作用，该领域在今后的若干年内将取得稳定而快速的发展。概括而言，机器学习能使计算机的应用领域大为扩展，并使个人和组织的竞争力提高到新的水平，甚至形成人类全新的生活方式。另外，对机器学习的信息处理算法的研究将促进对人脑学习能力更好的理解。

目前，机器学习领域的研究工作主要围绕以下三个方面进行。第一是面向任务的研究，其内容是研究和分析改进一组预定任务的执行性能的学习系统；第二是认知模型，研究人类学习过程并进行计算机模拟；第三是理论分析，从理论上探索各种可能的学习方法和独立于应用领域的算法。

在理论方面，关于观察例的数目，所考虑的假设的数目和学习到的假设的预计误差之间的基本关系的刻画已经取得成果。我们已经获得人类和动物学习的初步模型，开始了解它们与计算机学习算法之间的关系。

在应用方面，近十年来的进展尤为迅速。比较典型的有天气预报搜索引擎、证券市场分析、语音和手写识别、图像识别、遥感信息处理等。下面是一些突出的应用实例。

（1）计算机弈棋：大多数成功的计算机弈棋程序均基于机器学习算法。例如，TD-GAMMON 通过与自己对弈 100 多万次学习 backgammon 棋的策略。该系统目前已达到人类世界冠军的水平。类似的技术也可用于许多其他的涉及非常大型的搜索空间的实际问题。

（2）语音识别：所有最成功的语音识别系统都以某种形式使用了机器学习技术。例如，SPHINX 系统学习针对具体讲话人的策略从接收到的语音信号中识别单音和单词。神经网络学习方法和学习隐藏的 Markov 模型的方法可有效地应用于对个别讲话人、词汇表、麦克风的特性、背景噪声等的自动适应。类似的技术也可用于许多其他的信号解释问题。

（3）自动驾驶：机器学习方法已用于训练计算机控制的车辆在各种类型的道路上正确行驶。例如，ALVINN 系统使用学习到的策略在高速公路上与别的车辆一起以每小时 70 英里的速度自动行驶了 90 英里。类似的技术也可用于许多其他的基于传感器的控制问题。

就机器学习研究的现状而言，目前还不能使计算机具有类似人的学习能力。与此同时，机器学习面临着巨大的挑战，诸如泛化能力、速度、可理解性及数据利用能力相关方面的发展情况。但是，对某些类型的学习任务已经提出了有效的算法，对机器学习的理论研究也已经开始。人们已经开发出许多计算机程序，它们显示了有效的学习能力，有商业价值的应用系统已经开始出现。

现有的计算机系统和人工智能系统只有非常有限的学习能力，因而不能满足科技和生产提出的新要求。对机器学习的讨论和机器学习研究的进展，必将促使人工智能和其他科学技术进一步发展。总之，随着计算机研究的进一步加深，机器学习将不可避免地在计算机科学技术中起到越来越核心的作用。

5.2 监督学习

如果在学习过程中，我们不断地向计算机提供数据和这些数据对应的值，比如给计算机看猫和狗的图片，告诉计算机哪些图片是猫、哪些图片是狗，然后让它学习分辨猫和狗，通过这种指引的方式，让计算机学习如何把这些图片数据与图片所代表的物体对应，也就是让计算机学习这些标签可以代表哪些图片，这种学习方式称为"监督学习"。比如预测房屋的价格、股票的涨停，可以用监督学习来实现。大家所熟知的神经网络就是一种监督学习的方式。

监督学习又称分类（Classification）或者归纳学习（Inductive Learning），几乎适用于所有领域，包括文本和网页处理。给出一个数据集 D，机器学习的目标就是产生一个联系属性集合 A 和类标集合 C 的分类/预测函数（Classification/Prediction Function），这个函数可以用于预测新的属性集合的类标。这个函数又被称为分类模型（Classification Model）或预测模型（Prediction Model）。这个分类模型可以是任何形式的，例如决策树、规则集、贝叶斯模型或超平面。

5.2.1 监督学习的分类

监督学习问题通常分为两类：Regression（回归）和 Classification（分类），分别对应着定量输出和定性输出。它们的区别在于：分类的目标变量是标称型的，当输出是离散的时，学习任务为分类任务。以电影分类为例，一部电影无非是动作片、爱情片、喜剧片、恐怖片等类别。而回归的目标变量是连续数值型的，当输出是连续的时，学习任务是回归任务。如预测鲍鱼的年龄，可能是任意的正数。

1．回归

回归就是为了预测，比如预测北京的房价，每一套房源是一个样本，样本数据中也包含每一个样本的特征，如房屋面积、建筑年代等，房价就是目标变量，通过拟合出房价的直线预测房价，当然预测值越接近真实值越好，这个过程就是回归。

简单地说，就是由已知数据通过计算得到一个明确的值（Value），例如 $y=f(x)$ 就是典型的回归关系。线性回归（Linear Regression）就是根据已有的数据返回一个线性模型，$y=ax+b$ 就是一种线性回归模型。

2．分类

对于分类来说，目标变量是样本所属的类别。在样本数据中，包含每一个样本的特征，如花朵颜色、花瓣大小，也包含这个样本属于什么类别，如它是向日葵还是菊花，而这个类别就是目标变量。分类就是根据样本特征对样本进行类别判定的过程。

5.2.2　监督学习的主要算法

1．K-近邻（K-Nearest Neighbors，KNN）算法

K-近邻算法是一种分类算法，概括来说，就是已知一个样本空间里的部分样本分成几类，然后给定一个待分类的数据，通过计算找出与它最接近的 K 个样本，由这 K 个样本投票决定待分类数据归为哪一类。 KNN 算法用于类别决策时，只与极少量的相邻样本有关。由于 KNN 算法主要靠周围有限的邻近的样本，而不是靠判别类域的方法来确定所属类别，因此对于类域的交叉或重叠较多的待分样本集来说，KNN 算法比其他算法更为合适。一个比较经典的 KNN 图如图 5.1 所示。

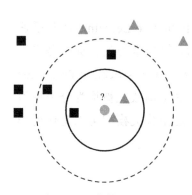

图 5.1　经典的 KNN 图

从图 5.1 中我们可以看到，有两个类型的样本数据，一类是正方形，另一类是三角形。而那个圆形是待分类的数据。

如果 K=3，那么离绿色点最近的有 2 个红色三角形和 1 个蓝色的正方形，这 3 个点投票，于是绿色的这个待分类点属于三角形。

如果 K=5，那么离绿色点最近的有 2 个红色三角形和 3 个蓝色的正方形，这 5 个点投票，于是绿色的这个待分类点属于蓝色的正方形。

KNN 算法不仅可以用于分类，还可以用于预测。通过找出一个样本的 K 个最近邻居，将这些邻居的属性的平均值赋给该样本，就可以得到该样本的属性。更有用的

方法是为不同距离的邻居对该样本产生的影响赋予不同的权值（Weight），例如权值与距离成反比。

步骤：

（1）计算待测点与已知类别数据集中的点的距离；

（2）按照距离升序排序；

（3）选取与待测点距离最小的 K 个点；

（4）计算这 K 个点所属类别的出现频率；

（5）返回频率最高的类别作为待测点的类别。

优点：KNN 算法相当于非参数密度估计算法，在决策时只与极少量的相邻样本有关。另外，由于 KNN 算法主要靠周围有限的邻近的样本，因此对于类域的交叉或重叠较多的非线性可分数据来说，KNN 算法较其他算法更为合适。

缺点：KNN 算法的一个不足是判断一个样本的类别时，需要把它与所有已知类别的样本都比较一遍，这样计算开销是相当大的。比如一个文本分类系统有上万个类，每个类即便只有 20 个训练样本，为了判断一个新样本的类别，也要做 20 万次向量比较。这个缺陷可以通过对样本空间建立索引来弥补。

KNN 算法还有另一个不足是当样本不平衡时，如一个类的样本容量很大，而其他类样本容量很小时，有可能导致当输入一个新样本时，该样本的 K 个邻居中大容量类的样本占多数，从而导致分类错误。这时可以采用权值的方法（和该样本距离小的邻居权值大）来改进。

2．决策树（Decision Trees）算法

决策树算法是分类算法中应用最广泛的一种，这种算法的分类精度与其他算法相比具有相当强的竞争力，而且十分高效。决策树通过选取最优特征划分数据集，构建一棵树，表示整个决策过程。决策树采用一个树结构（可以是二叉树或非二叉树）。其每个非叶节点表示一个特征属性上的测试，每个分支代表这个特征属性在某个值域上的输出，而每个叶节点存放一个类别。使用决策树进行决策的过程就是从根节点开始，测试待分类项中相应的特征属性，并按照其值选择输出分支，直到到达叶节点，将叶节点存放的类别作为决策结果。

如何构造精度高、规模小的决策树是决策树算法的核心内容。决策树构造可以分两步进行。

（1）决策树的生成：这是由训练样本数据集生成决策树的过程。一般情况下，训练样本数据集是根据实际需要有历史的、有一定综合程度的、用于数据分析处理的数据集。

① 树从代表训练样本的单个节点开始。

② 如果样本都在同一个类，则该节点成为树叶，并用该类标记。

③ 否则，算法选择最有分类能力的属性作为决策树的当前节点。

④ 根据当前决策节点属性取值的不同，将训练样本数据集分为若干子集，每个取值形成一个分支。

⑤ 针对上一步得到的一个子集，重复进行先前的步骤，形成每个划分样本上的决策树。

⑥ 递归划分步骤仅当下列条件之一成立时停止：

● 给定节点的所有样本属于同一类。

● 没有剩余属性可以用来进一步划分样本。

（2）决策树的剪枝：决策树的剪枝是对上一阶段生成的决策树进行检验、校正的过程，主要是用新的样本数据集（称为测试数据集）中的数据校验决策树生成过程中产生的初步规则，将那些影响准确性的分支剪除。由于数据表示不当、有噪声，或者决策树生成时产生重复的子树等原因，都会造成产生的决策树过大。因此，简化决策树是一个不可缺少的环节。寻找一棵最优决策树，主要应解决以下 3 个最优化问题。

① 生成最少数目的叶节点。

② 生成的每个叶节点的深度最小。

③ 生成的决策树叶节点最少且每个叶节点的深度最小。

例如，对于表 5.1 所列的贷款申请数据集，可以学习到一种决策树，如图 5.2 所示。

表 5.1　贷款申请数据集

ID	Age	Has_job	Own_house	Credit_rating	Class
1	young	false	false	fair	No
2	young	false	false	good	No
3	young	true	false	good	Yes
4	young	true	true	fair	Yes
5	young	false	false	fair	No
6	middle	false	false	fair	No
7	middle	false	false	good	No
8	middle	true	true	good	Yes
9	middle	false	true	excellent	Yes
10	middle	false	true	excellent	Yes
11	old	false	true	excellent	Yes
12	old	false	true	good	Yes
13	old	true	false	good	Yes
14	old	true	false	excellent	Yes
15	old	false	false	fair	No

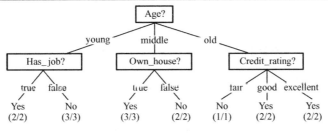

图 5.2　表 5.1 的决策树

树中包含了决策点和叶节点，决策点包含针对数据实例某个属性的一些测试，而一个叶节点则代表了一个类标。

一棵决策树的构建过程是不断地分割训练数据，以使最终得到的各个子集尽可能纯。一个纯的子集中的数据实例类标全部一致。决策树的建立并不是唯一的，在实际应用中，我们希望得到一棵尽量小且准确的决策树。

决策树的典型算法有 ID3、C4.5、CART（分类与回归树）等。相对于其他算法，决策树易于理解和实现，人们在通过解释后都有能力去理解决策树所表达的意义。决策树可以同时处理不同类型的属性，并且在相对短的时间内能够对大型数据源得出可行且效果良好的结果。

3．朴素贝叶斯（Naive Bayesian）

贝叶斯分类是一系列分类算法的总称，这类算法均以贝叶斯定理为基础，故统称贝叶斯分类。朴素贝叶斯算法是其中应用最为广泛的分类算法之一。朴素贝叶斯分类器基于一个简单的假定：给定目标值时属性之间相互条件独立。朴素贝叶斯的基本思想是对于给出的待分类项，求解在此项出现的条件下各个类别出现的概率，哪个最大，就认为此待分类项属于哪个类别。

在贝叶斯分类中，在数据集合 D 中，令 $A_1, A_2, \cdots, A_n$ 为用离散值表示的属性集合，设 C 具有 $|C|$ 个不同值的类别属性，即 $c_1, c_2, \cdots, c_{|C|}$，我们设所有的属性都是条件独立于类别的，给定一个测试样例 d，观察属性值 a_1 到 $a_{|A|}$，其中 a_i 是 A_i 可能的一个取值，那么预测值就是类别 c_j，使得 $\Pr(C=c_j \mid A=a_1, \cdots, A_{|A|}=a_{|A|})$ 最大。c_j 被称为最大后验概率假设。

根据贝叶斯公式，有

$$\Pr(A_1=a_1, \cdots, A_{|A|}=a_{|A|} \mid C=c_j) = \frac{\Pr(C=c_j)\prod_{i=1}^{|A|}\Pr(A_i=a_i \mid C=c_j)}{\sum_{k=1}^{|C|}\Pr(C=c_k)\prod_{i=1}^{|A|}\Pr(A_i=a_i \mid C=c_k)}$$

因为分母对每一个训练类别都是一样的，所以如果仅仅需要总体上最可能的类别为所有测试样例做预测，那么只需要上式的分子部分即可。通过下式来判断最有可能的类别：

$$c = \arg\max_{c_j} \Pr(C = c_j) \prod_{i=1}^{|A|} \Pr(A_i = a_i \mid C = c_j)$$

例如，假设我们有图 5.3 所示的训练数据，有两个属性 A 和 B，还有类别 C，对于一个测试样例：$A=m$，$B=q$，求 C。

A	B	C
m	b	t
m	s	t
g	q	t
h	s	t
g	q	t
g	q	f
g	s	f
h	b	f
h	q	f
m	b	f

图 5.3 训练数据

计算如下。

对于类别为 t 的概率：

$$\Pr(C = t) \prod_{j=1}^{2} \Pr(A_j = a_j \mid C = t) = \Pr(C = t) \cdot \Pr(A = m \mid C = t) \cdot \Pr(B = q \mid C = t) = \frac{1}{2} \times \frac{2}{5} \times \frac{2}{5} = \frac{2}{25}$$

类似地，对于类别为 f 的概率：

$$\Pr(C = f) \prod_{j=1}^{2} \Pr(A_j = a_j \mid C = f) = \frac{1}{2} \times \frac{1}{5} \times \frac{2}{5} = \frac{1}{25}$$

因此 $C=t$ 的可能性较大，将此种情况下的类别判断为 t。

虽然朴素贝叶斯学习所做的大部分假设都与实际情况不符，但研究表明朴素贝叶斯学习仍然能产生准确的模型。朴素贝叶斯学习效率很高，它只需要对训练数据进行一次扫描就可以估计出所有需要的概率，所以朴素贝叶斯在文本分类中得到了广泛的应用。

4．逻辑回归（Logistic Regression）

逻辑回归是一种用于解决二分类（0 or 1）问题的机器学习方法，用于估计某种事物的可能性。比如某用户购买某商品的可能性，某病人患有某种疾病的可能性。从大的类别上来说，逻辑回归是一种有监督的统计学习方法，主要用于对样本进行分类。

在线性回归模型中，输出一般是连续的，例如 $y = f(x) = ax + b$，对于每一个输入的 x，都有一个对应的 y 输出。模型的定义域和值域都可以是 $[-\infty, +\infty]$。但是对于逻辑回归，输入可以是连续的 $[-\infty, +\infty]$，但输出一般是离散的，即只有有限个输出值。例如，其值域可以只有两个值 $\{0, 1\}$，这两个值可以表示对样本的某种分类，如高/低、患病/健康、阴性/阳性等，这就是最常见的二分类逻辑回归。因此，从整体上来说，通过逻辑回归模型，我们将在整个实数范围内的 x 映射到有限个点上，这样就实现了对 x 的分类。因为每次拿过来一个 x，经过逻辑回归分析，就可以将它归入某一类 y 中。

二分类问题的概率与自变量之间的关系图形往往是一个 S 形曲线，采用 Sigmoid 函数实现。Sigmoid 函数定义如下：

$$g(z) = \frac{1}{1 + e^{-z}}$$

其函数图像如图 5.4 所示。

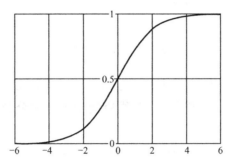

图 5.4　Sigmoid 函数图像

从图 5.4 中可以看到 Sigmoid 函数是一个 S 形曲线，它的取值在[0, 1]区间，在远离 0 的地方，函数值会很快接近 0 或 1。它可以很好地将 $(-\infty, +\infty)$ 内的数映射到 $(0,1)$ 上，于是我们可以将 $g(z) \geq 0.5$ 分为"1"类，$g(z) < 0.5$ 分为"0"类。

5.3　无监督学习

无监督学习（Unsupervised Learning）是指从无标签的数据中学习出一些有用的模式。无监督学习一般直接从原始数据中学习，不借助任何人工给出的标签或反馈等指导信息。如果说监督学习是建立输入与输出之间的映射关系，那么无监督学习就是发现隐藏在数据中的有价值信息，包括有效的特征、类别、结构及概率分布等。

典型的无监督学习可以分为以下几类。

1．无监督特征学习

无监督特征学习（Unsupervised Feature Learning）是从无标签的训练数据中挖掘有效的特征或表示，从而能够帮助后续的机器学习模型更快速地达到更好的性能。无监督特征学习一般用来进行降维、数据可视化或监督学习前期的数据预处理。无监督特征学习的主要方法有主成分分析、稀疏编码、自编码器等。

主成分分析（Principal Component Analysis，PCA）是一种数据降维的方法（图5.5），我们可以简单地把数据降维和稀疏化数据当成一个意思来理解，其实是有区别的。

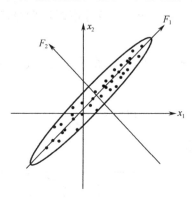

图 5.5　主成分分析

从数学的视角来看，二维平面中的主成分分析，就是用最大方差法将坐标系里分布的点投影到同一条线上（一维的）；三维空间中的主成分分析，就是将空间中的分布点投影到同一个（超）平面上。

主成分分析是一种无监督学习方法，可以作为监督学习的数据预处理方法，用来去除噪声并减少特征之间的相关性，但是它并不能保证投影后数据的类别可分性更好。

2. 密度估计

密度估计（Density Estimation）是根据一组训练样本来估计样本空间的概率密度。密度估计可以分为参数密度估计和非参数密度估计。参数密度估计是假设数据服从某个已知概率密度函数形式的分布（比如高斯分布），然后根据训练样本去估计概率密度函数的参数。非参数密度估计是不假设数据服从某个已知分布，只利用训练样本对密度进行估计，可以进行任意形状密度的估计。非参数密度估计的方法有直方图、核密度估计等。

3. 聚类

聚类（Clustering）是将一组样本根据一定的准则划分到不同的组（也称集群（Cluster））。一个比较通用的准则是组内样本的相似性要高于组间样本的相似性。常见的聚类算法包括 K-Means 算法、谱聚类等。

传统的聚类分析计算方法主要有如下几种。

1）划分方法

给定一个有 N 个元组或者记录的数据集，用分裂法构造 K 个分组，每一个分组就代表一个聚类，$K<N$。而且这 K 个分组满足下列条件：

① 每一个分组至少包含一个数据记录。

② 每一个数据记录属于且仅属于一个分组（注意，这个要求在某些模糊聚类算法中可以放宽）。

对于给定的 K，算法首先给出一个初始的分组方法，然后通过反复迭代的方法改变分组，使得每一次改进之后的分组方案都较前一次好。所谓好的标准就是：同一分组中的记录越近越好，而不同分组中的记录越远越好。

2）层次方法

这种方法对给定的数据集进行层次分解，直到满足某种条件为止，具体又可分为"自底向上"和"自顶向下"两种方案。例如在"自底向上"方案中，初始时每一个数据记录都组成一个单独的组，在接下来的迭代中，把那些相互邻近的组合并成一个组，直到所有的记录组成一个分组或满足某个条件为止。

3）基于密度的方法

基于密度的方法与其他方法的一个根本区别是：它不是基于各种各样的距离的，而是基于密度的。这样就能克服基于距离的算法只能发现"类圆形"的聚类的缺点。这个方法的指导思想就是，只要一个区域中的点的密度大于某个阈值，就把它加到与之相近的聚类中去。

4）基于网格的方法

这种方法首先将数据空间划分成有限个单元（Cell）的网格结构，所有的处理都是以单个的单元为对象的。这样处理的一个突出的优点就是处理速度很快，这通常与目标数据库中记录的个数无关，只与把数据空间分为多少个单元有关。

5）基于模型的方法

基于模型的方法给每一个聚类假定一个模型，然后寻找能够很好地满足这个模型的数据集。这样一个模型可能是数据点在空间中的密度分布函数。它的一个潜在的假定就是：目标数据集是由一系列的概率分布所决定的。通常有两种尝试方向：统计的方案和神经网络的方案。

当然，聚类方法还有传递闭包法、布尔矩阵法、直接聚类法、相关性分析聚类、基于统计的聚类等。

5.4　弱监督学习

监督学习技术通过学习大量训练样本来构建预测模型，其中每个训练样本都有一个标签标明其真值输出。尽管当前的技术已经取得了巨大的成功，但值得注意的是，由于数据标注过程的高成本，很多任务很难获得如全部真值标签这样的强监督信息。因此，能够使用弱监督的机器学习技术是可取的。

弱监督学习是指数据集的标签是不可靠的，如(x, y)，y对于x的标记是不可靠的。这里的不可靠是指标记不正确、多种标记、标记不充分、局部标记等。监督信息不完整或对象不明确的学习问题统称弱监督学习。

弱监督学习训练这样一个智能算法，已知数据和其一一对应的弱标签，将输入数据映射到一组更强的标签。标签的强弱指的是标签蕴涵的信息量的多少。

弱监督通常分为三种类型。第一类是不完全监督，即只有训练集的一个（通常很小的）子集是有标签的，其他数据没有标签，这种情况发生在各类任务中。例如，在图像分类任务中，真值标签由人类标注者给出。从互联网上获取巨量图片很容易，然而考虑到标记的人工成本，只有一个小子集的图像能够被标注。第二类是不确切监督，即图像只有粗粒度的标签。第三类是不准确监督，即模型给出的标签并不总是真值。出现这种情况的常见原因有：图片标注者不小心或比较疲倦，或者某些图片难以分类。

1．不完全监督

不完全监督用于那些我们只拥有少量标注数据的情况，这些标注数据并不足以训练出好的模型，但是我们有大量未标注数据可供使用。形式化表达为：模型的任务是从训练数据集$D = \{(x_1, y_1), \cdots, (x_l, y_l), x_{l+1}, \cdots, x_m\}$中学习$f: x \rightarrow y$，其中训练集中有$l$个标注训练样本（给出$y_i$的样本）和$u = m - l$个未标注样本；其他条件与具有强监督的监督学习相同。将l个标注示例称为标注数据，将u个未标注示例称为未标注数据。实现此目标主要有两种方法，即主动学习和半监督学习。主动学习是挑选最具代表性和信息量的样本去标注，挑选最少的样本获得最大的收益。利用剩余大量未标记的样本，更好地学习诸如数据空间分布之类的信息。

2．不确切监督

不确切监督用于给定了监督信息，但信息不够精确的场景。一个典型的场景是仅有粗粒度的标签信息可用。例如，在药物活性预测的问题中，其目标是建立一个模型学习已知分子的知识，来预测一个新的分子是否适合制造一种特定药物。一个分子可以有很多的低能量形状，而这个分子是否能用于制药取决于这个分子是否具有某些特殊的形状。然而即使对于已知的分子，人类专家也仅知道该分子是否适合制药，而不知道其中决定性的分子形状是什么。

形式化表达为：该任务是从训练数据集$D = \{(x_1, y_1), \cdots, (x_m, y_m)\}$中学习$f: x \rightarrow y$。多示例学习是不确切监督的一个方法。多示例学习可以被描述为：假设训练数据集中的每个数据是一个包（Bag），每个包都是一个示例的集合，每个包都有一个训练标记，而包中的示例是没有标记的；如果包中至少存在一个正标记的示例，则包被赋予正标记；而对于一个有负标记的包，其中所有的示例均为负标记。通过定义可以看出，与监督学习相比，多示例学习数据集中的样本示例的标记是未知的，而监督学习的训练样本集中，每个示例都有一个已知的标记；与非监督学习相比，多示例学习只有包的标记是已知的，而非监督学习样本所有示例均没有标记。但是多示例学习有个特点，就是它广泛存在于真实的世界中，潜在的应用前景非常大。

3．不准确监督

不准确监督用于监督信息不总是真值的场景，也就是说，有部分信息会出现错误。常见的场景是正样本基本正确，但是负样本中存在很多实际为正样本的错误标签。在这种场景下，一种方法是数据编辑，通过切边（连接两个不同标签的节点的边被称为切边）构建相对邻域图，测量一个切边的权重统计量。如果一个示例连接了太多的切边，则该示例是可疑的。可疑的示例要么被删除，要么被重新标记。

本章小结

学习能力是智能系统的另一个基本特征，是衡量一个系统是否具有智能的显著标志。机器学习也是使计算机具有智能的根本途径，是人工智能的又一个重要领域。机器学习在过去几十年中获得了较大的发展，已经建立了许多机器学习的理论和技术，已经设计出不少性能优良的机器学习系统并投入实际应用，无论是理论还是应用研究目前都呈现出蓬勃发展的势头。

机器学习涵盖的内容繁多，本章只对机器学习进行了入门性介绍。通过本章的学习要掌握什么是机器学习、机器学习的发展历史、机器学习的策略及一些基本的学习方法；了解机器学习研究的目标，理解什么是监督学习、无监督学习和弱监督学习，同时能够分析不同学习方法的异同点。

习题

1．什么是学习？什么是机器学习？
2．机器学习的研究经历了哪些阶段？
3．什么是监督学习？
4．什么是无监督学习？
5．什么是弱监督学习？

第6章 人工神经网络与深度学习

6.1 神经网络简介

6.1.1 神经网络概述

"神经网络"这个词在几年前可能大家还比较陌生，近几年 AlphaGo 横扫围棋界几十位一流高手，连连获胜，使得人工智能、深度学习、神经网络这些词汇被大家所熟知。那么什么是神经网络呢？人工神经网络又能用来做什么呢？

神经网络可以分为两种，一种是生物神经网络，另一种是人工神经网络。生物神经网络一般指由生物的大脑神经元、细胞、触点等组成的网络，用于产生生物的意识，帮助生物进行思考和行动。人工神经网络（Artificial Neural Network，ANN），简单来说，就是模仿人体神经网络创建的一种网络架构。它是 20 世纪 80 年代以来人工智能领域兴起的研究热点。

近些年来，神经网络在众多领域得到了广泛的应用。Google 推出的 AlphaGo 和 AlphaGo Zero，经过短暂的学习就战胜了当今世界排名前三的围棋选手；科大讯飞推出的智能语音系统，识别正确率高达 97%以上，成为了 AI 的领跑者；百度推出的无人驾驶系统 Apollo 也顺利上路完成公测，使得无人驾驶汽车离我们越来越近。种种成就让人类再次认识到神经网络的价值和魅力。

6.1.2 神经网络的发展史

一般可以把神经网络的发展历史分成 4 个时期，即启蒙时期、低潮时期、复兴时期和新时期。

1. 启蒙时期（1890～1968 年）

1890 年，心理学家 William James 出版了第一部详细论述人脑结构及功能的专著——《心理学原理》，他认为一个神经细胞受到刺激被激活后可以把刺激传播到另一个神经细胞，并且神经细胞被激活是细胞所有输入叠加的结果。他的这个猜想后来得到了证实，并且现在设计的神经网络也基于这个理论。

1943 年，神经病学家、神经元解剖学家 McCulloch 和数学家 Pitts 在生物物理学期刊上发表文章，提出了神经元的数学描述和结构，并且证明了只要有足够的简单神经元，在这些神经元互相连接并同步运行的情况下，可以模拟任何计算函数（M-P 模型）。他们所做的开创性的工作被认为是人工神经网络的起点。

1958 年，计算机学家 Rosenblatt 提出了一种具有三层网络特性的神经网络结构，称为"感知器"。他提出的这个感知器是世界上第一个真正意义上的人工神经网络。

2. 低潮时期（1969～1981 年）

1969 年，Minsky 在著作 *Perception* 中分析了当时的简单感知器，指出它有非常严重的局限性，甚至不能解决简单的"异或"问题，为 Rosenblatt 的感知器判了"死刑"。此时批评的声音高涨，导致政府停止了对人工神经网络研究的大量投资。不少研究人员把注意力转向了人工智能，导致对人工神经网络的研究陷入了低潮。

3. 复兴时期（1982～1986 年）

1982 年，美国加州理工学院的物理学家 Hopfield 提出了 Hopfield 神经网络，重新打开了人们的思路，吸引了很多非线性电路科学家、物理学家和生物学家来研究神经网络。1985 年，Hinton 和 Sejnowski 借助统计物理学的概念和方法提出了一种随机神经网络模型——玻尔兹曼机。一年后他们又改进了模型，提出了受限玻尔兹曼机。1986 年，Rumelhart、Hinton、Williams 发展了 BP 算法（多层感知器的误差反向传播算法）。到今天为止，这种多层感知器的误差反向传播算法还是非常基础的算法，凡是学神经网络的人，必然要学习 BP 算法。现在的深度网络模型基本上都是在这个网络的基础上发展起来的。

4. 新时期（1987 年至今）

1987 年 6 月，首届国际神经网络学术会议在美国加州圣地亚哥召开，到会代表有 1600 余人。之后，国际神经网络学会和国际电气工程师与电子工程师学会（IEEE）联合召开了每年一次的国际学术会议。

1986 年之后神经网络就蓬勃发展起来了，特别是近几年，呈现出一种爆发趋势，神经网络开始应用在各行各业，各种新的神经网络模型不断被提出。Hinton 等人于 2006 年提出了深度学习的概念，2009 年，Hinton 把深层神经网络介绍给研究语音的学者们。2010 年，语音识别产生了巨大突破。接下来，2011 年，深层神经网络又被应用在图像识别领域，取得了令人瞩目的成绩。

6.2　神经元与神经网络

6.2.1　神经元

早在 1904 年，生物学家就已经知道了神经元的组成结构。神经元通常由以下几部分组成：细胞核、树突、轴突、轴突末梢。一个神经元通常具有多个树突，主要用来接收信息；而轴突只有一条，轴突的主要作用是将神经元胞体所产生的兴奋冲动传至其他神经元或效应器；轴突尾端有许多轴突末梢，可以给其他神经元传递信息，如图 6.1 所示。

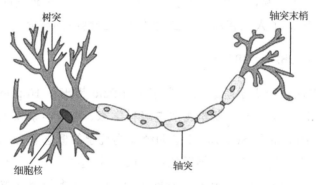

图 6.1　生物神经元的组成

1943 年，心理学家 Warren McCulloch 和数学家 Walter Pitts 参考生物神经元的结构，发明了数学上神经元的模型。这个模型的结构很简单，包含输入、输出与计算功能。输入可以类比为神经元的树突，而输出可以类比为神经元的轴突，计算则可以类比为细胞核。如图 6.2 所示，神经元模型有 3 个输入、1 个输出及 2 个计算功能。中间的箭头线称为"连接"，每个"连接"上有一个"权值"。

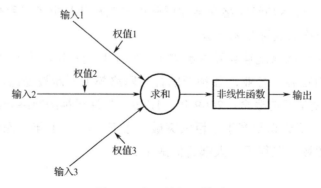

图 6.2　人工神经元模型

这个结构看起来确实非常简单,大家可能会想:这么简单的一个结构能做什么呢?这么简单的结构确实做不了什么有用的事情。但是,就像大脑一样,当亿万个这样简单的结构组合到一起的时候,就能做非常复杂的事情。如今,深度神经网络在各个领域大放异彩,最基本的模型就是这样一个简单的结构。

6.2.2　神经网络

1. 神经网络模型

从信息处理的角度对人脑神经元网络进行抽象,建立某种简单模型,按不同的连接方式组成不同的网络,简称神经网络或类神经网络。

神经网络是一种运算模型,由大量的节点(或称神经元)相互连接构成。如图 6.3 所示,将许多个单一的"神经元"连接在一起,一个"神经元"的输出是另一个"神经元"的输入,就构成了一个简单的三层神经网络。神经网络最左边的一层称为输入层,最右边的一层称为输出层,中间所有节点组成的一层称为隐藏层。

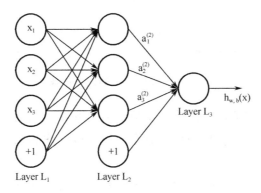

图 6.3　简单的三层神经网络

人工神经网络无须事先确定输入与输出之间映射关系的数学方程,仅通过自身的训练,学习某种规则,在给定输入值时得到最接近期望输出值的结果。人工神经网络实现其功能的核心是算法。

2. 激励函数

在多层神经网络中,上层节点的输出和下层节点的输入之间具有一个函数关系,这个函数称为激励函数(又称激活函数)。

如果不用激励函数(其实相当于激励函数是 $f(x)=x$),则每一层节点的输入都是上层输出的线性函数,无论神经网络有多少层,输出都是输入的线性组合,与没有隐藏层的效果相当,这种情况就是最原始的感知器,那么网络的逼近能力就相当有限。

为了解决线性输出问题,引入非线性函数作为激励函数,这样深层神经网络表达能力就更加强大。常见的激励函数有线性激励函数、阈值或阶跃激励函数、S 形激励函数、双曲正切激励函数和高斯激励函数等。下面我们以 S 形激励函数——Sigmoid 函数为例介绍激励函数。

S 形激励函数是一个输出值在-1~1（或 0~1）的 S 形曲线，它是单调增加的。虽然 S 形激励函数有几种类型，但是它们都具有 S 形特征。常见的 S 形激励函数是 Sigmoid 函数，它的数学形式如下：

$$f(x) = \frac{1}{1 + e^{-x}}$$

Sigmoid 函数的几何图像如图 6.4 所示。

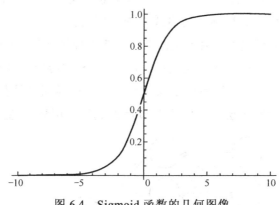

图 6.4　Sigmoid 函数的几何图像

该函数的特点是能够把输入的连续实值变换为 0 和 1 之间的输出。但是它也有局限性，在深度神经网络中梯度反向传递时会导致梯度爆炸和梯度消失。近年来，用它的人越来越少了。

最近十多年来，人工神经网络的研究工作不断深入，已经取得了很大的进展，其在模式识别、智能机器人、自动控制、预测估计、生物、医学、经济等领域已成功地解决了许多现代计算机难以解决的实际问题，表现出了良好的智能特性。

6.3　BP 神经网络及其学习算法

6.3.1　BP 神经网络

在人工神经网络的发展历史上，多层感知机（Multilayer Perception，MLP）网络曾对人工神经网络的发展发挥了极大的作用，它的出现曾掀起了人们研究人工神经网络的热潮。单层感知网络（M-P 模型）为最初的神经网络，具有模型清晰、结构简单、计算量小等优点。但是，随着研究工作的深入，人们发现它还存在不足，例如无法处理非线性问题，从而限制了它的应用。增强网络的分类和识别能力、解决非线性问题的唯一途径是采用多层前馈网络，即在输入层和输出层之间加上隐藏层。下面简单介绍一下前馈神经网络和多层前馈神经网络。

前馈神经网络是人工神经网络的一种。在该神经网络中，各神经元从输入层开始接收前一级输入，并输出到下一级，直至输出层。整个网络中无反馈，可用一个有向无环图表示。

多层前馈神经网络采用一种单向多层结构，其中每一层包含若干个神经元，同一层的神经元之间没有互相连接，层间信息的传送只沿一个方向进行。其中，第一层为输入层，最后一层为输出层，中间为隐藏层，简称隐层。隐藏层可以是一层，也可以是多层。

BP 神经网络是一种按误差反向传播（简称误差反传）训练的多层前馈神经网络，其算法称为 BP 算法，它的基本思想是梯度下降法，利用梯度搜索技术，以期使网络的实际输出值和期望输出值的误差均方差最小。其主要的特点是信号是前向传播的，而误差是反向传播的。即计算误差输出时按从输入到输出的方向进行，而调整权值和阈值则按从输出到输入的方向进行。

6.3.2　BP 神经网络模型

BP 神经网络的实现过程主要分为两个阶段：第一阶段是信号的前向传播，从输入层经过隐藏层，最后到达输出层；第二阶段是误差的反向传播，从输出层到隐藏层，最后到输入层，依次调节隐藏层到输出层的权重和偏置、输入层到隐藏层的权重和偏置。使用 S 形激励函数时，BP 神经网络输入与输出的关系如下。

输入：$\text{net} = w_1 x_1 + w_2 x_2 + \cdots + w_i x_i$

输出：$y = f(\text{net}) = \dfrac{1}{1 + e^{-\text{net}}}$

其中，x_i 是输入，w_i 是权重。

6.3.3　BP 神经网络学习算法

以三层 BP 神经网络为例，算法流程主要包括以下七个步骤。

1. BP 神经网络初始化

设定输入层节点数为 n，隐藏层节点数为 l，输出层节点数为 m，给定输入变量 X 和输出变量 Y，随机初始化输入层与隐藏层之间的连接权值为 v_{ij}，以及隐藏层与输出层之间的连接权值为 w_{jk}，随机初始化隐藏层阈值为 a，输出层阈值为 b，给定学习速率 η 和神经元激励函数 f。本节所选择的激励函数为

$$f(x) = \frac{1}{1 + e^{-x}}$$

2. 隐藏层输出

通过给定的输入变量 X、输入层和隐藏层间的连接权值 v_{ij}、隐藏层阈值 a，得出隐藏层的输出为 H，对应的计算公式如下：

$$H_j = f\left(\sum_{i=1}^{n} v_{ij}x_i - a_j\right), \quad j = 1,2,\cdots,l$$

3. 输出层输出

通过隐藏层输出 H、隐藏层与输出层之间的连接权值 w_{jk} 和输出层的阈值 b，得出输出层的输出为 O，对应的计算公式如下：

$$O_k = \sum_{j=1}^{l} H_j w_{jk} - b_k, \quad k = 1,2,\cdots,m$$

4. 误差

通过 BP 神经网络上一步计算得出的输出值 O 和给定的期望输出 Y，来计算误差 e，对应的计算公式如下：

$$e_k = Y_k - O_k, \quad k = 1,2,\cdots,m$$

5. 权值更新

根据上一步计算出的误差 e 来更新权值 v_{ij} 和 w_{jk}，对应的计算公式如下：

$$v_{ij} = v_{ij} + \eta H_j(1 - H_j)x(i)\sum_{k=1}^{m} w_{jk}e_k, \quad i = 1,2,\cdots,n, \quad j = 1,2,\cdots,l$$

$$w_{jk} = w_{jk} + \eta H_j e_k, \quad j = 1,2,\cdots,l, \quad k = 1,2,\cdots,m$$

6. 阈值更新

根据计算出的误差 e 来分别更新隐含层和输出层的阈值 a、b，对应的计算公式如下：

$$a_j = a_j + \eta H_j(1 - H_j)\sum_{k=1}^{m} w_{jk}e_k, \quad j = 1,2,\cdots,l$$

$$b_k = b_k + e_k, \quad k = 1,2,\cdots,m$$

7. 判断算法迭代是否结束，如果还没有结束，则返回步骤 2 继续执行

三层 BP 神经网络算法流程如图 6.5 所示。

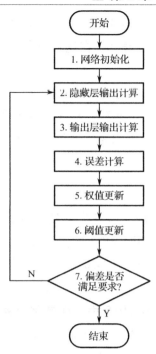

图 6.5　三层 BP 神经网络算法流程

BP 神经网络从开始提出至今，已经发展得比较成熟，如今已在各行各业被广泛应用。该算法的一个突出优点是其具备很强的非线性映射能力及可以不断调整的网络结构。也就是说，BP 神经网络的隐藏层的层数及各层的神经元个数可根据分析目标的具体情况任意设定，并且随着其结构的差异，体现出的性能也有所不同。BP 神经网络也存在一些主要缺陷，如算法的学习速度慢，即便要解决的是一个简单问题，也可能需要迭代几百次甚至几千次，才能最终收敛，并且容易陷入局部极小值。

6.4　深度学习的应用

6.4.1　深度学习概念

深度学习是从人工神经网络发展而来的。最初的信息处理技术和机器学习过程都是只有一个隐藏层的非线性的浅层特征提取。浅层网络模型的特点是只有一个隐藏层，这个隐藏层只能完成一个特定特征的提取，所以提取效果非常不好。

深层网络与浅层网络的不同主要有：首先，深度学习的模型特点是具有层次性，并且隐藏层一般为三个或三个以上；其次，深度学习的目的是特征学习提取，深度学习的隐藏层都是将下一层的输出作为本层的输入，而本层提取到的特征将作为上一层的输入，每一层之间都会有特征的输入/输出变化，这种方式就是为了能够将最原始的数据信息特征提取出来。深度学习模型提取特征与人为的特征提取相比，深度学习需要大量的数据进行无监督的训练学习，在这一过程中能够得到更能反映大量数据信息的特征。

深度学习最早兴起于图像识别，但是在短短的几年之内，深度学习就被推广到机器学习的各个领域，并且都有很出色的表现，具体领域包含图像识别、语音识别、自然语言处理、机器人、计算机游戏、搜索引擎、网络广告投放、医学自动诊断和金融等。

6.4.2 计算机视觉的应用

计算机视觉是深度学习技术最早实现突破性成就的领域。随着 2012 年深度学习算法 AlexNet 赢得图像分类比赛 ILSVRC 冠军，深度学习开始被人们熟知。ILSVRC 是基于 ImageNet 图像数据集举办的图像识别比赛，在计算机视觉领域拥有极高的影响力。从 2012 年到 2015 年，通过对深度学习算法的不断探究，ImageNet 图像分类的错误率以每年 4%的速度递减；到 2015 年，深度学习算法的错误率仅为 4%，已经成功超过人工标注的错误率 5%，实现了计算机领域的一个突破。

在 ImageNet 数据集上，深度学习不仅突破了图像分类的技术瓶颈，也突破了物体识别技术的瓶颈。物体识别比图像分类的难度更高。图像分类只须判断图片中包含了哪一种物体；但在物体识别中，不仅要给出包含了哪些物体，还要给出包含物体的具体位置。2013 年，在 ImageNet 数据集上使用传统机器算法实现物体识别的平均正确率均值（MAP）为 0.23；而在 2016 年，使用了 6 种不同深度学习模型的集成算法将 MAP 提高到 0.66。

技术进步的同时，工业界也将图像分类、物体识别应用于各种产品中，如无人驾驶、地图、图像搜索等。谷歌可通过图像处理技术归纳出图片中的主要内容并实现以图搜图的功能。这些技术在国内的百度、阿里巴巴、腾讯等公司已经得到了广泛的应用。

在物体识别问题上，人脸识别是一类应用非常广泛的技术。它可以应用到娱乐行业、安防及风控行业。在娱乐行业中，基于人脸识别的相机自动对焦、自动美颜基本已成为每款自拍软件的必备功能。在安防、风控领域，人脸识别的应用更是大大提高了工作效率并节省了人力成本。它还可用于保障账户的登录和资金安全，如支付宝的人脸识别登录等。

传统机器学习算法很难抽象出足够有效的特征，使得学习模型既可区分不同的个体，又可以尽量减少相同个体在不同环境中的影响。深度学习技术可从海量数据中自动学习更加有效的人脸识别特征表达。在人脸识别数据集 LFW 上，基于深度学习算法的系统 DeepID2 可以达到 99.47%的识别正确率。

在计算机识别领域，光学字符识别也是使用深度学习较早的领域之一。光学字符识别，就是使用计算机程序将计算机无法理解的图片中的字符（如数字、字母、汉字等符号）转化为计算机可以理解的文本形式。如常用的 MINIST 手写体字库，最新的深度学习算法可以达到 99.77%的识别正确率。谷歌将数字识别技术应用到谷歌地图的开发中，开发的数字识别系统可以识别任意长度的数字，在 SVHN 数据集上可达到 96%的识别正确率。到 2013 年，谷歌利用这个系统抽取了超过 1 亿个门牌号码，大大加速了谷歌地图的制作过程。此外，光学字符识别在谷歌图书中也有应用，谷歌图书通过文字识别技术将扫描的图书数字化，从而实现图书内容的搜索功能。

6.4.3　语音识别的应用

深度学习在语音识别领域同样取得了突破性进展。2009 年，深度学习的概念被引入语音识别领域，并对该领域产生了重大影响。短短几年时间，深度学习的方法在 TIMIT 数据集上将传统混合高斯模型（GMM）的错误率从 21.7%降低到了 17.9%。2012 年，谷歌基于深度学习建立的语音识别模型已经取代了混合高斯模型，并成功将谷歌语音识别的错误率降低了 20%。随着当今数据量的增大，使用深度学习的模型无论在正确率的增长数值上还是在增长比例上都要优于混合高斯模型。这样的增长在语音识别的历史上从未出现过，深度学习之所以有这样的突破性进展，最主要的原因是其可以自动从海量数据中提取更加复杂且有效的特征，而不是如混合高斯模型需要人工提取特征。

基于深度学习的语音识别已经应用到了各个领域，如同声传译系统、苹果公司推出的 Siri 系统、科大讯飞的智能语音输入法，百度和腾讯也开发了相关产品。同声传译系统不仅要求计算机能够对输入的语音进行识别，还要求计算机将识别出来的结果翻译成另外一门语言，并将翻译好的结果通过语音合成的方式输出。微软研发的同声传译系统已经成功应用到 Skype 网络电话中。

6.4.4　自然语言处理的应用

在过去几年之中，深度学习已经在语言模型、机器翻译、词性标注、实体识别、情感分析、广告推荐及搜索排序等方面取得了突出的成就。深度学习在自然语言处理问题上能够更加智能、自动地提取复杂特征。在自然语言处理领域，使用深度学习实现智能特征提取的一个非常重要的技术是单词向量。单词向量是深度学习解决很多自然语言处理问题的基础。

理解自然语言所表达的语义的传统方法主要是依靠建立大量的语料库，通过这些语料库，可以大致刻画自然语言中单词之间的关系。然而语料库的建立需要花费很多人力物力，而且扩展能力有限。单词向量提供了一种更加灵活的方式来刻画单词的含义。单词向量会将每个单词表示成一个相对较低维度的向量（比如 100 维），对于语义相近的单词，其对应的单词向量在空间上的位置也应该接近，因而单词的相似度可用空间距离来描述。单词向量不需要人工的方式来设定，它可以从互联网海量非标注文本中学习得到。

通过对自然语言中单词的抽象与表达，深度学习在自然语言处理的很多核心问题上都有突破性进展，比如机器翻译。根据谷歌实验的结果，在主要的语言翻译上，使用深度学习可以将机器翻译算法的质量提高55%～85%。

情感分析是自然语言处理问题中一个非常经典的应用。情感分析最核心的问题就是从一段自然语言中判断作者对主体的评价是好评还是差评。情感分析在工业界有着非常广泛的应用。随着互联网的发展，用户会在各种不同的地方表达对不同产品的看法。对于服务业或制造业，及时掌握用户对其产品或服务的评价是提高用户满意度非常有效的途径。在金融业，通过分析用户对不同产品和公司的态度可以对投资选择提供帮助。在情感分析问题上，深度学习可以大幅提高算法的准确率。在开源的Sentiment Treebank数据集上，使用深度学习的算法可将语句层面的情感分析正确率从80%提高到85.4%；在短语层面上，可将正确率从71%提高到80.7%。

习题

1．填空题

（1）神经网络可分为＿＿＿＿＿＿和＿＿＿＿＿＿两种。

（2）神经网络的发展历史分为4个时期，分别为＿＿＿＿＿、＿＿＿＿＿、＿＿＿＿＿、＿＿＿＿＿。

（3）神经网络结构中的节点称为＿＿＿＿＿＿。

（4）神经网络实现功能的核心是＿＿＿＿＿＿。

（5）多层神经网络中，上层节点的输出和下层节点的输入之间具有函数关系，这个函数称为＿＿＿＿＿＿，函数的作用是＿＿＿＿＿＿。

（6）＿＿＿＿＿＿、＿＿＿＿＿＿的存在是为了更好地拟合数据。

（7）人工神经元网络的热潮是由＿＿＿＿＿＿网络推动的。

（8）BP神经网络是一种按＿＿＿＿＿＿训练的多层前馈神经网络。

（9）深度学习最早兴起于＿＿＿＿＿＿。

（10）BP神经网络的基本思想是＿＿＿＿＿＿。

2．简答题

（1）简述梯度下降法的原理。

（2）BP神经网络的主要特点是什么？

（3）BP神经网络的实现过程主要由哪两个阶段组成？这两个阶段分别做了哪些事情？

（4）简述BP神经网络的优缺点。

第7章 自然语言处理

在人工智能中，最古老、研究最多、要求最高的领域为自然语言处理。自然语言是人类特有的用于交流的手段，对它的理解是一件很困难的事情，这不仅需要语言学方面的知识，还需要相关的背景知识，才能建立有效的自然语言理解程序。对自然语言的理解和处理开始于机器翻译，这是人工智能领域中早期比较活跃的研究领域之一。20 世纪 40 年代和 50 年代，人们利用有穷自动机、形式语法和概率建立了自然语言理解的基础。但是，20 世纪 50 年代和 60 年代，早期用机器翻译语言的尝试被实践证明是徒劳无功的。20 世纪 70 年代发展的趋势是使用符号和随机方法。事实上，过去几年里，深度学习已经改写了机器翻译的方法。基于深度学习和机器学习的自然语言处理正在击败由人类专家打造的语言系统。本章将介绍自然语言理解的概念、发展，以及机器翻译、人机交互、智能问答的相关知识和应用。

7.1 概述

自然语言是指人类语言集团的本族语，如汉语、英语等，它是相对于人造语言而言的，如 C 语言、Java 语言等计算机语言。自然语言处理（NLP）可以被定义为人类语言的自动（或半自动）处理。这个术语有时被用于更窄的范围，通常不包括信息检索，有时甚至不包括机器翻译。NLP 有时还与"计算语言学"相对立，NLP 被认为更适用。如今，往往首选替代术语"语言技术"（Language Technology）或"语言工程"（Language Engineering）。NLP 本质上是多学科的。

7.1.1 自然语言理解研究的发展

1. 基础时期

自然语言理解的研究可以追溯到 20 世纪 40 年代和 50 年代。计算机科学领域是以图灵的算法模型为基础的。在奠定基础之后，算法被广泛应用于各个领域。自然语言处理是计算机科学的一个子领域，也涉及图灵的思想。斯蒂芬·科尔·克莱尼在有穷自动机和正则表达式方面做了许多工作，这些工作在计算语言学和理论计算机科学中发挥了重要作用。香农在有穷自动机中引入了概率，使得这些模型在语言含糊表示方面变得更加强大。这些具有概率的有穷自动机在数学上称为马尔可夫模型，其在自然语言理解的下一个阶段中充分发挥了重要作用，这也是机器学习中的概率图模型。这一时期，Chomsky 提出了形式语言和形式文法的概念，把自然语言和程序设计语言置于相同层面，用统一的数学方法来解释和定义。Chomsky 建立了转换生成文法，使语言学的研究进入了定量研究阶段，但是这一文法体系还是不能处理复杂的自然语言问题。

2．发展时期

虽然机器翻译在早期遇到了一些挫折，但是对自然语言理解的研究却一直没有停止过，从 20 世纪 60 年代开始，人机对话的研究取得了一定的成功。这些人机对话系统可以作为专家系统、办公自动化、信息检索等的自然语言人机接口，具有很大的使用价值。这一时期对自然语言理解的研究实际上可以分成两个阶段：20 世纪 60 年代以关键词匹配技术为主的阶段和 20 世纪 70 年代以句法语义分析为主的阶段。

依靠关键词匹配技术来识别输入句子的意义，在系统中会存放大量关键词，系统将当前输入的句子与系统中的每一个关键词进行比对，一旦匹配成功便会得到句子的解释，不再考虑句子中那些不属于关键词的成分对句子是否有影响。所以严格地讲，基于关键词匹配的理解系统不是真正的自然语言理解系统，它不懂语法，不懂语义，本质是一个求近似的匹配技术。这种技术最大的优点就是输入的句子不一定必须是规范的语言，甚至语法不对也行。但是这种技术不够精确，往往会导致错误的分析。

进入 20 世纪 70 年代后，自然语言理解的研究在句法语义分析技术方面取得了重要的进展，出现了对后来影响很大的自然语言理解系统，在语言分析的深度和难度方面都比早期有了进步。这个时期的代表系统有：1972 年，美国 BBN 公司 Woods 负责设计的 LUNAR，是第一个允许用户用普通英语同计算机对话的人机接口系统，用于协助地质学家查找、比较和评价阿波罗 11 号飞船带回来的月球样本的化学分析数据；Winograd 设计的 SHEDLU 系统，是一个在"积木世界"中进行英语对话的自然语言理解系统，把句法、推理、上下文和背景知识灵活地结合于一体，模拟一个能够操纵桌子上一些积木玩具的机器人手臂，用户通过人机对话的方式命令机器人放置积木，系统通过屏幕给出回答并显示现场的场景。

3．基于知识的自然语言理解时期

进入 20 世纪 80 年代后，对自然语言理解的研究借助了许多人工智能和专家系统中的思想，引入了知识的表示和处理方法，以及领域知识和推理机制，使自然语言理解系统不再局限于单纯的对语言句法和词法的研究，而是与它所表示的客观世界紧密结合在一起，极大地提高了系统处理的正确性。著名的人机接口系统有美国人工智能公司（AIC）生产的英语人机接口系统 Intellect，以及美国弗雷公司生产的 Themis 人机接口。在自然语言理解的基础上，机器翻译工作也开始走出低谷，出现了一些有较高水平的翻译系统。例如，欧洲共同体在美国乔治敦大学开发的机译系统 SYSTRAN 的基础上成功地开发了英、法、德、西等语言的机器翻译系统。

4．基于大规模语料库的自然语言理解时期

为了处理大规模的真实文本，研究人员提出了语料库学。它基于大规模真实文本处理的需求，以计算机语料库为基础进行语言学研究及自然语言理解的研究。语言学知识的真正源泉是大规模的来自生活的资料，计算语言学工作者的任务就是使计算机能够自动或半自动地从大规模语料库中获取处理自然语言所需的各种知识。

20 世纪 80 年代，英国 Leicester 大学 Leech 领导的 UCREL 研究小组，利用已带有词类标记的语料库，经过统计分析得出了一个反映任意两个相邻标记出现频率的"概率转移矩阵"。他们设计的 CLAWS 系统依据这种统计信息，而不是系统内存储的知识，对 LOB 语料库中一百万词汇的语料进行了词类的自动标注，准确率达到 96%。

7.1.2　自然语言处理过程的层次

语言虽然表示成一连串文字符号，但是其内部事实上是一个层次化的结构，从语言的结构中就可以清楚地看到这种层次性。一个文字表达的句子的层次是"词素→词或词型→词组或句子"，其中每个过程都受到语法规则的制约。因此，语言的处理过程也应当是一个层次化的过程。许多现代语言学家把语言处理分为三个过程：词法分析、句法分析、语义分析。虽然层次之间并不是完全隔离的，但这种层次化的划分的确有助于更好地体现语言本身的结构，并在一定程度上使自然语言处理系统的模块化成为可能。

1．词法分析

由于词是最小的能够独立运用的语言单位，而很多孤立语（如汉语、日语等）的文本不像西方屈折语的文本，词与词之间没有任何空格之类的显示标志指示词的边界，因此，自动分词就变成了计算机处理孤立语文本时面临的首要基础性工作，也是一个重要环节。但要切分出各个词非常困难，不仅需要构词的知识，还需要解决可能遇到的切分歧义。多年来，国内外学者在这一领域做了大量的研究工作。常见的汉语分词方法有：N-最短路径法、基于词的 n 元语法模型的分词方法、由字构成词的汉语分词方法等。在英语等语言中，因为单词之间以空格隔开，切分一个单词很容易，所以找出句子的各个词汇就很方便。但是，由于英语单词有词性、数、时态、派生及变形等变化，要找出各个词的词素就复杂得多，需要对词尾或词头进行分析。例如，importable 可以是 im-port-able 或 import-able，这是因为 im、port、able 这三个都是词

素。词法分析可以从词素中获得许多有用的语言学信息，这些信息对于句法分析是非常有用的。例如，英语中构成词尾的词素 s 通常表示名词的复数或动词第三人称单数，ly 通常是副词的后缀，而 ed 通常是动词的过去分词等。另外，一个词可以有许多派生、变形，例如 work 可以变化出 works、worked、working、worker、workable 等。这些词放入词典，将会产生非常庞大的数据量。实际上它们的词根只有一个。自然语言理解系统中的电子词典一般只放词根，并支持词素分析，这样可以大大压缩电子词典的规模。

下面是一个英语词法分析的算法，它可以对那些按英语语法规则变化的英语单词进行分析：

```
repeat
    look for w in dictionary
    if not found
    then modify the w
until w is found or no further modification possible
```

其中，w 是一个变量，初始值就是当前的单词。

例如，对于单词 catches、ladies 可以做如下的分析：

catches	ladies	词典中查不到
catche	ladie	修改 1：去掉 s
catch	ladi	修改 2：去掉 e
	lady	修改 3：把 i 变成 y

这样，在修改 2 中就可以找到 catch，在修改 3 中就可以找到 lady。

英语的词法分析的难度在于词义判断，因为单词往往有多种解释，依靠查词典常常无法判断。

2．句法分析

句法分析是自然语言处理中的关键技术之一，其基本任务是确定句子的句法结构或句子中词汇之间的依存关系。一般来说，句法分析并不是一个自然语言处理的最终目标，但是，它往往是实现最终目标的重要环节，甚至是关键环节。因此，在自然语言处理研究中，句法分析始终是核心问题之一。

1）基本概念

句法分析是指对输入的单词序列（一般为句子）判断其结构是否合乎给定的语法，分析出合乎语法的句子的句法结构。句法结构一般用树状数据结构表示，通常称为句法分析树。

一般而言，句法分析的任务有三个：

① 判断输入的字符串是否属于某种语言；

② 消除输入句子中词法和结构等方面的歧义；

③ 分析输入句子的内部结构，如成分构成、上下文关系等。

如果一个句子有多种结构表示，句法分析器应该分析出该句子最有可能的结构。

2）文法形式化

在计算机科学中，形式语言是某个字符表上一些有限字串的集合，而形式文法是描述这个集合的一种方法。形式文法与自然语言中的文法相似。

文法的形式化定义如下：

$$G = (T, \ N, \ S, \ P)$$

式中，T 是终结符的集合，终结符是指被定义的那个语言的词（或符号）；N 是非终结符号的集合，这些符号不能出现在最终生成的句子中，是专门用来描述语法的。显然，T 和 N 不能相交，T 和 N 共同组成了符号集 V，因此：

$$V = T \cup N, \ T \cap N = \Phi$$

S 是起始符，它是集合 N 中的一个成员。

P 是产生式规则集，每条产生式规则具有如下的形式：

$$a \rightarrow b$$

$a \in V^+$，$b \in V^*$，$a \neq b$，V^* 表示由 V 中的符号所构成的全部符号串，包括空串，V^+ 是 V^* 除去空串的部分。

最常见的文法分类是 Chomsky 在 1950 年根据形式文法中所使用的规则集提出的。它定义了四种形式的文法：短语结构文法，又称 0 型文法；上下文有关文法，又称 1 型文法；上下文无关文法，又称 2 型文法；正则文法，又称 3 型文法。型号越高，所受的约束越多，能够表示的语言集也就越小。也就是型号越高，表示的能力就越弱。目前在自然语言处理中广泛使用的是上下文无关文法。

3. 语义分析

从某种意义上讲，自然语言处理的最终目的是在语义理解的基础上实现相应的操作。一般来说，一个自然语言处理系统，如果完全没有语义分析的参与，是不可能获得很好的系统性能的。语义分析是把分析得到的句法成分与应用领域中的目标表示相关联。简单的做法就是依次使用独立的句法分析器和语义解释器。但这样做使句法分析和语义分析相分离，在很多情况下无法决定句子的结构。为了有效地实现语义分析，并能与句法分析紧密结合，人们已经提出了多种语义分析方法，如语义文法和格文法。

1）语义文法

语义文法是将文法知识和语义知识组合起来，以统一的方式定义为文法规则集。语义文法不仅可以排除无意义的句子，而且具有较高的效率，对语义没有影响的句法问题可以忽略。但是实际应用该文法时需要很多文法规则，因此一般适用于受到严格限制的领域。

2）格文法

格文法可找出动词和与动词处在结构关系中的名词的语义关系，也涉及动词或动词短语与其他的各种名词短语之间的关系。也就是说，格文法的特点是允许以动词为中心构造分析结果。格文法是一种有效的语义分析方法，有助于消除句法分析的歧义性，并且容易使用。

7.2 机器翻译

机器翻译（Machine Translation，MT）是区别于人工翻译的说法，就是利用计算机来进行不同语言之间的翻译。例如，我们经常使用的手机软件可以将汉语翻译成英语，或者将英语翻译成汉语，其中都涉及机器翻译的过程。被翻译的语言通常称为源语言，翻译成的结果语言一般称为目标语言。

7.2.1 机器翻译的发展

从世界上第一台计算机诞生开始，人们对于机器翻译的研究和探索就从来没有停止过。在过去的 50 多年中，机器翻译的研究大约经历了热潮、低潮和发展三个不同的历史时期。一般认为，从美国乔治敦大学进行的第一个机器翻译实验开始，到 1966 年美国科学院发表报告的十多年里，机器翻译的研究在世界范围内一直处于不断升温的热潮时期，在机器翻译研究的驱使下，诞生了计算语言学这门新兴的学科。1966 年，美国科学院的 ALPAC 报告给蓬勃兴起的机器翻译研究当头泼了一盆冷水，机器翻译的研究由此进入了一个萎靡不振的低潮时期。但是，机器翻译的研究并没有停止。20 世纪 70 年代中期以后，一系列机器翻译研究的新成果和新计划为这一领域的再次兴起点亮了希望之灯。1976 年，加拿大蒙特利尔大学与加拿大联邦政府翻译局联合开发的实用机器翻译系统 TAUM-METTEO 正式投入使用，为电视、报纸等提供天气预报资料翻译。1978 年，欧洲共同体提出了多语言机器翻译计划。1982 年，日本研究第五代机的同时，提出了亚洲多语言机器翻译计划 ODA。由此，机器翻译的研究在世界范围内复苏，并蓬勃发展起来。尤其是近几年，一方面，随着计算机网络技术的快速发展和普及，人们要求用计算机实现语言翻译的愿望越来越强烈，而且除文本翻译以外，人们还希望实现不同语言的说话人之间的对话翻译，机器翻译的市场需求越来越大；另一方面，自 1990 年统计机器翻译模型提出以来，基于大规模语料库的统计翻译方法迅速发展，取得了一系列令人瞩目的成果，机器翻译再次成为人们关注的热门研究课题。因此，目前对机器翻译的研究可谓全面开花。

7.2.2　机器翻译的方法

机器翻译的方法是机器翻译系统的核心，也是其原理的直接体现，对机器翻译的性能起着决定性作用。由于算法和核心技术不同，机器翻译的实现方式各异。依据知识处理方式，可将其分为 3 类：第一类为规则法，该类包括直接法、转换法、中间语法；第二类为语料库法，该类可细分为实例法、统计法、神经网络法；第三类为混合法。

1．规则法

规则法又称理性主义法，是指机器翻译系统建立在语言规则或知识基础之上，具体包括直接法、转换法和中间语法。直接法，即逐词翻译法，是指在尚不分析源语的情况下，把源语单词、短语直接替换成相应的译语单词、短语，必要时对词序进行调整，其翻译流程大致为源语输入、双语词典查询、词序调整、译语输出。对于亲缘关系密切的语言，直接法较为实用，除此之外，翻译效果差强人意，认知过程泛化严重，因而现已弃而不用。转换法是指利用中间表示在源语和译语之间过渡，一般包括源语分析、源语转换、译语生成三个步骤。转换时，会先将源语句子转换成深层结构表示，再将源语深层结构表示转换成译语深层结构表示，最后将译语深层结构表示映射成译语。该方法在早期较为流行，当时绝大多数系统采用的都是转换法。中间语法会把源语转换成一种无歧义、对任何语言都通用的中间语言表示，然后借助该中间语言表示生成译语。该方法理论上颇为经济，但目前尚无成功案例。实际上，转换法与中间语法原理类似，均须借助中间表示，区别在于二者抽象程度不同，后者抽象程度更高。此外，前者的中间表示与源语或译语的结构相关，而后者则独立于任何自然语言规则。

2．语料库法

语料库法，又称经验主义法，是一种由标注语料，特别是双语或多语平行语料，构成知识源的数据驱动型机器翻译系统构建方式。该方法既不用词典也不用规则，而是以语料统计为主。语料库法主要得益于当代语料技术的发展，目前仍是机器翻译系统的主流构建方式，具体包括实例法、统计法、神经网络法。三者翻译知识的来源均为语料库，其区别在于前者在翻译过程中仍须使用语料库，且语料库本身就是翻译知识的一种表现形式，而后两者在翻译过程中无须使用语料库，其知识的表示是统计数据，而非语料库本身。

1）实例法

实例法最早由日本著名机器翻译专家长尾真于 1981 年提出。其思想是：先在机器中存储一些原文及其对应译文的实例，让系统参照这些实例进行类比翻译。翻译时，系统会先将源语句子切分为短语片段，再将切分后的短语片段与实例库中的源语片段进行比对，找出最佳匹配，然后生成相应译语片段，使其合并成句。实例法主要借助的是双语对齐实例库，受语料规模、覆盖率影响较大，且系统难以优化，实例无法充分利用。

2）统计法

与实例法类似，统计法也是语料库法的一种。早在 1947 年，Weaver 就提出了利用统计法解决机器翻译问题，但受当时科技水平所限，尚不具备开发统计机器翻译的能力，直到 1990 年前后，IBM 公司的开发人员才得以将其付诸实践。统计法主要依赖双语或多语平行语料库，通过词对齐、翻译规则抽取等手段实现翻译建模，然后根据译语规则借助所学知识进行自动翻译。实际上，统计机器翻译过程可视为信息传输过程，即源语经噪声信道发生扭曲后产生译语。翻译的任务在于将观察到的源语恢复为最有可能的译语，即同一源语句段可能对应多个候选译语句段，出现概率最大的便是译文。因此，基于统计法的翻译完全是一个概率问题，任何一个译语句子都有可能是任何一个源语句子的译文，只是出现概率不同，翻译的目的就是要找到出现概率最大的句子。较规则法而言，统计法克服了翻译知识获取的瓶颈问题，因而实用性较强，曾一度成为机器翻译的主攻方向。

3）神经网络法

与统计法类似，神经网络法在模型训练完毕后无须再使用语料库，但借助长短时记忆网络、门限循环单元、注意力机制等，在多种翻译任务上性能超越了统计法，成为当前机器翻译的主流。该方法最早可追溯到 1997 年，当时，西班牙学者 Forcada 和 Ñeco 提出了利用"编码器-解码器"框架进行翻译的思想。其核心在于，拥有海量节点的深度神经网络可直接从数据中学习，且能有效捕获长距离依赖。翻译时，会将源语句子向量化，经各层网络传递后，逐步转化为计算机可"理解"的表示形式，再经多层复杂传导运算生成译语。与先前各类方法相比，神经网络法更具优势，译文更为流畅。目前，基于注意力的序列到序列模型是神经网络法的主流。该模型可动态计算最相关上下文，相对较好地解决了长句向量化难题，极大地提升了机器翻译的性能，对自然语言处理具有重要意义。

3. 混合法

混合法，又称融合法，是一种集规则法、语料库法于一体的综合策略。依据翻译方式不同，又可将其细分为并行翻译法、串行翻译法、混杂翻译法。并行翻译法的典型代表由美国学者 Frederking 于 1994 年提出。在并行翻译系统中，多个引擎共享一个类似线图的数据结构，都试图对整个或局部源语进行翻译。翻译时，会根据源语片段所处位置，将其译语片段放入该共享线图结构，归一化处理后给出综合评分，然后采用动态规划算法，选择一组恰好能覆盖整个源语句子，同时又具有最高评分的译语片段作为最终输出译文。与并行翻译系统不同，串行翻译系统会按不同翻译方法的先后顺序轮次进行，既可先用规则法翻译，后借助语料库法调整，也可先经规则法进行文本预处理，后用语料库法翻译，再用规则法调整译文。与上述两种翻译方式不同，在混杂翻译系统中，并中有串，串中有并，两种翻译方式兼而有之，彼此互为补充。混合法集成了多种翻译策略，致力于在翻译或处理过程中扬长避短，弥补单一方法的不足，从而在一定程度上提高翻译质量。

上述各方法都是历史实践的产物，其间界限并非泾渭分明，就其优劣而论，各有千秋。客观而言，它们都曾是或现在仍为机器翻译系统的主流构建方式。不过就目前来看，语料库法后来居上，已成主流。

大多数著名的大型机器翻译系统本质上都是直译式系统，如 SYSTRAN、Logos 和 Fujitsu Atlas 系统是高度模块化的系统，很容易被修改和扩展。例如，著名的 SYSTRAN 系统在开始设计时只能完成从俄文到英文的翻译，但现在已经可以完成很多语种之间的互译。Logos 开始只针对德语到英语的翻译，而现在可以将英语翻译成法语、德语、意大利语，以及将德语翻译成法语和意大利语。只有 Fujitsu Atlas 系统至今仍把自己局限于英日、日英的翻译。

7.3　自然语言人机交互

自然语言处理是人工智能领域非常重要的一部分，作为计算机科学中一门重要的学科，研究它的目的是解决人机对话问题，通俗地讲就是让智能设备理解并生成人类语言。《从人机交互的角度看自然语言处理》一文中对自然语言处理进行了如下定义：

自然语言处理可以定义为研究在人与人交际中及人与计算机交际中的语言问题的一门科学。自然语言处理要研制表示语言能力和语言应用的模型，建立计算框架来实现这样的语言模型，提出相应的方法来不断完善这样的语言模型，根据这样的语言模型设计各种实用系统，并探讨这些实用系统的测评技术。

随着计算机在人们日常生活、工业生产、机器人控制及各种研究领域日益广泛的应用，越来越多的学者开始投身于让人与计算机的交互过程变得更加灵活、友好和智能化的研究。人机交互可以有不同的方式。不过，对于人工智能来说，它更关心以自然语言为媒介的人机交互。自然语言人机交互对于人工智能的研究具有重要意义：第一，使用自然语言的人机交互方式目标明确，具有局部和阶段性特点。第二，虽然语言在人工智能中的作用还不十分明确，但其重要地位是不容置疑的，自然语言处理与理解的研究是人工智能研究十分重要的一个方面。第三，随着机器学习、深度学习的发展，自然语言人机交互有着巨大的应用前景。从数据类型来看，自然语言可分为文本类自然语言和语音类自然语言两类。

7.3.1　文本人机交互

文本是一种最简单和直接的人机交互方式，文本可分为自由文本、半结构化文本及结构化文本三种形式。其中，自然语言处理的文本一般为自由文本。以自由文本类自然语言处理为核心的人机交互系统的研究历史悠久，其中，关键词匹配技术是一项基本技术。Weizenbaum 和 Chomsky 对该方法做了详细说明，该方法首先对一个句子的结构进行分析，以获得该句子的意义。鉴于文法分析的重要性，除上述文法之外，还有学者提出了 Phrase Structured Grammars、Syntactic Grammars 等文法。在上述工作的基础上，早期人工智能研究在以自然语言处理为核心的系统开发方面也做了不少工作。它们包括 SPANAM、LUNAR、CHAT 等。SPANAM 用来实现西班牙语和英语的相互翻译，不过不太成功，后来人们发现这一类问题的解决比人们所想像的要困难得多。LUNAR 和 CHAT 是两个用来回答人们所提出的一些领域相关问题的问答式系统，它们同样是不完善的，还有许多复杂的问题需要解决。SCISOR 是一个可以从一段对话中提出所需信息并将它们转换成特定格式的软件，与前面两个系统相比，它取得了较大成功。这些系统的成功与否，往往取决于它们所涉及的自然语言处理和理解的难易程度，即语言模型的性能。文本人机交互方式经过多年的发展，技术已比较成熟，但受制于文本类数据输入效率低等缺点，更加简单直观的语音人机交互方式逐步登上历史舞台。

7.3.2　语音人机交互

在计算机网络技术和人工智能技术飞速发展的今天，对于人机交互的方式，人们也提出了新的展望，便捷高效的人机交互方式受到了越来越多专家学者的追捧。应用语音这种最自然的交互方式实现人与机器的互动，可以有效弥补人们在使用按键等传统交互方式中存在的输入效率低、容易出错等缺陷。因此，语音识别控制技术在人机交互中的应用变得越来越多，逐渐成为当今具有巨大价值的科技热点。

早在二十世纪六七十年代，人们对计算机语音识别技术就开始了探索。IBM 是最早进行语音识别技术研究的企业之一，20 世纪 90 年代就推出了可用于声控打字和语音导航的语音识别输入软件。微软在 Windows XP 之前，就在操作系统中添加了语音识别功能。在推出的 Windows 7 中这一功能更为完善，不用键盘鼠标，用户可以通过语音对计算机进行简单的控制，如说一句"打开浏览器"，就可以轻松地打开 IE。谷歌基于 Web 的云计算将这种语音识别技术带入更广泛的应用领域，不仅实现了语音搜索，还为 YouTube 推出了一项新的功能，让用户利用语音识别为 YouTube 视频添加字幕，这将大大提升 YouTube 视频的观看体验。毫不夸张地说，语音识别技术在人机交互领域的应用已经遍地开花了。

　　语音人机交互的核心难点在于，如何将语音转化为文本形式，接着利用文本类的语言模型实现人机语言转换，以实现人机交互的最终目标。与文本数据相比，分析语音数据存在以下难点。

　　（1）语音理解：语音数据不易拆分，规则较复杂。

　　（2）发音模式不统一：不同的发音者在表达同一种含义时语速、语调等不尽相同。

　　（3）发音环境复杂：不同的场景会产生语音噪声，对语音识别过程产生干扰。

　　语音识别的研究工作开始于 20 世纪 50 年代。20 世纪 60 年代，计算机的应用推动了语音识别的发展。其中，动态规划（DP）和线性预测分析（LP）等技术的提出和运用，对语音识别的发展产生了深远影响。

　　20 世纪 70 年代，LP 技术得到进一步发展，动态时间归正技术（DTW）基本成熟。特别是矢量量化（VO）和隐马尔可夫模型（HMM）理论在实践上的运用，初步实现了基于线性预测倒谱和 DTW 技术的特定人孤立语音识别系统。

　　20 世纪 80 年代，随着 HM 模型和人工神经网络（ANN）等技术在语音识别中的成功应用，人们终于在实验室突破了大词汇量、连续语音和非特定人这三大语音识别障碍。在声学识别层面，以多个说话人发音的大规模语音数据为基础，通过对连续语音中上下文发音变体的 HMM 建模，语音音素识别率有了长足的进步；在语言学层面，以大规模语料库为基础，通过统计两个邻词或三个邻词之间的相关性，可以有效地区分同音词和由于识别带来的近音词的模糊性。再结合高效、快捷的搜索算法，就可以实现实时的连续语音识别系统。

　　20 世纪 90 年代之后，语音识别与自然语言处理相结合，发展出基于自然口语识别和理解的人机对话系统。与机器翻译技术相结合，逐步发展出面向不同语种人类之间交流的直接语音翻译技术。

7.4　智能问答

　　随着互联网的普及，互联网上的信息越来越丰富，人们能够通过搜索引擎方便地得到自己想要的各种信息。但是搜索引擎存在很多不足，主要有两个方面：一方面是返回结果太多，导致用户很难快速准确地定位到所需的信息；另一方面是搜索引擎的技术基础，即关键字匹配，只关注语言的语法形式，没有涉及语义，用户采用简单的查询词很难准确地表达信息需求，使得检索效果一般。

　　满足信息需求的方式除搜索引擎外，还有另外一种——问答。与搜索引擎系统不同，问答（Question and Answering，QA）系统不仅能用自然语言句子提问，还能为用户直接返回所需的答案，而不是相关的网页。显然，问答系统能更好地表达用户的信息需求，也能更有效地满足用户的信息需求。

7.4.1 问答系统的定义

对于问答系统的内涵和外延，很多研究者都给出了各自的定义。例如，Molla 等人在 2007 年把问答系统定义为一个能回答任意自然语言形式问题的自动机。虽然定义很多，并且各种定义之间略有不同，但是一般都认为问答系统的输入应该是自然语言形式的问题，输出应该是一个简洁的答案或者可能答案的列表，而不是一堆相关的文档。

7.4.2 问答系统的处理过程

给定一个问题，问答系统的处理过程一般如下：首先分析问题，得到问题的句子成分信息、所属类别和潜在答案类型等信息；然后根据问题分析得到的信息在数据集中得到可能含有答案的数据，这缩小了进一步精确分析的范围；在得到的小范围数据中采用各种技术提取答案或答案集合；最后将答案返回给用户。

7.4.3 早期的问答系统

图灵测试可能是对问答系统最早的构想。问答系统的发展历史可划分为三个阶段：基于结构化数据的发展阶段、基于自由文本数据的发展阶段、基于问题答案对（Question-Answer Pairs）数据的发展阶段。其中基于结构化数据的发展阶段又可以划分为人工智能阶段和计算语言学阶段两个子阶段。其大概的时间划分、特点和代表系统分别叙述如下。

20 世纪 60 年代，由于人工智能的发展，研究人员试图建立一种能回答人们提问的智能系统。这个阶段主要研究限定领域、处理结构化数据的问答系统，被称为人工智能阶段，代表系统有 BASEBALL 和 LUNAR。

20 世纪 70 年代和 80 年代，由于计算语言学的兴起，大量研究集中在如何利用计算语言学技术去降低构建问答系统的成本和难度。这个阶段被称为计算语言学阶段，主要集中在限定领域和处理结构化数据，代表系统是 UNIX Consultant。

进入 20 世纪 90 年代，问答系统进入开放领域、基于文本的新阶段。由于互联网的飞速发展，产生了大量的电子文档，这为问答系统进入开放领域、基于文本的阶段提供了客观条件，极大地推动了问答系统的发展。

20 世纪 90 年代末以前的问答系统大都属于限定领域、强调领域知识，人们构建了花费巨大、很脆弱的系统。这类系统对于能回答的问题的准确度比较高，但是对于不属于这个领域的问题无能为力。同时构建代价非常大，即使利用计算语言学技术来帮助构建系统，这个代价仍然是非常大的。20 世纪 90 年代，由于互联网的快速发展，产生了大量的电子数据，人们从人工智能角度转为从信息检索角度看待问答系统。

7.4.4　开放式问答系统

基于自由文本的问答系统属于开放式问答系统，它只能回答那些答案存在于这个文档集合中的问题。信息检索评测组织 TREC 自 1999 年开始每年都设立 QA track 的评测任务，其他评测组织（如 NTCIR 和 CLEF）也设置了问答系统评测任务，这些评测任务极大地推动了这类问答系统的相关研究。基于自由文本的开放式问答系统的结构主要分为三部分，分别为问题分析、信息检索及答案抽取。

1）问题分析

问题分析部分主要用于分析和理解问题，从而协助后续的信息检索和答案抽取，一般具有问句分类、问句主题提取两个主要研究内容。

问句分类是根据问句的答案类型对问句进行分类，它是问句分析最重要的功能之一。目前大多数这类问答系统都利用答案类型来指导后续步骤，尤其是答案抽取策略，例如对于问人物的问题，答案抽取会利用人物的各种特征来提取答案候选集合。

信息检索部分需要选择问题中的一些关键词作为查询词，很多时候会调整查询，为了保证高相关性，查询词都应该包含问题的主题。一般通过对问题进行句法分析，获得问题的中心词，然后选取中心词及其修饰词作为问题的主题。因此，如何选取合适的中心词是该类方法的核心。

2）信息检索

信息检索的主要目的是缩小答案的范围，提高下一步答案抽取的效率和精度。对于信息检索部分，最简单的方法是去掉问题中的停用词和问句相关的词（如疑问词），生成查询，然后利用已有的检索模型进行检索，把返回的结果作为答案提取部分的输入。信息检索一般分为两个步骤：文档检索，即检索出可能包含答案的文档；段落检索，即从候选文档中抽取出可能包含答案的段落。

3）答案抽取

答案抽取的主要目的是得到用户想要的答案，满足用户需求。一个问答系统通过问题分析和信息检索可以获得问题答案的段落集合，答案抽取是从这些段落中获取正确的答案，一般有两个步骤：生成候选答案集合和提取答案。

第8章　多智能体系统

　　人工智能是计算机科学的一个分支，它的目标是构造能表现出一定智能行为的智能体。因此，智能体的研究是人工智能的核心问题。

　　多智能体系统（Multi-Agent System，MAS）是一种全新的分布式计算技术，自20世纪70年代出现以来得到迅速发展，目前已经成为一种分析复杂系统与模拟思想的方法。20世纪90年代，多智能体系统的研究已成为分布式人工智能研究的热点。多智能体系统主要研究自主智能体之间智能行为的协调，为了一个共同的全局目标，协作进行问题求解。

8.1　智能体简介

　　多智能体系统主要研究在逻辑上或物理上分离的多个智能体并协调其智能行为，即知识、目标、意图及规划等，实现问题求解，可以把它看成一种由底向上设计的系统。多智能体的组成单元是单个智能体，因此智能体是人工智能领域中一个很重要的概念。任何独立的能够思考并可以同环境交互的实体都可以抽象为智能体。

8.1.1　智能体的定义

　　在计算机和人工智能领域中，智能体可以被看成一个实体，它通过传感器感知环境，通过执行器来对环境进行相应操作。智能体将在感知、思考和行动的周期中循环运行。以人类为例，我们是通过五个感官（传感器）来感知外界环境的，然后对其进行思考，继而使用我们的身体部位（执行器）去执行相应操作。类似地，机器智能体通过传感器来感知环境，然后进行一些计算（思考），继而使用各种各样的电机或执行器来执行操作。我们周围的世界充满了各种智能体，如手机、真空清洁器、智能冰箱、恒温器、相机等。

　　智能体在某种程度上属于人工智能研究范畴，因此要给智能体下一个确切的定义就如同给人工智能下一个确切的定义一样困难，分布式人工智能和分布式计算领域争论了很多年，也没有一个统一的认识。研究人员从不同的角度给出了智能体的定义，常见的主要有以下几种。

　　（1）一个致力于智能体技术标准化的组织给智能体下的定义是："智能体是驻留

于环境中的实体，它可以解释从环境中获得的反映环境中所发生事件的数据，并执行对环境产生影响的行动。" 在这个定义中，智能体被看成一种在环境中"生存"的实体，它既可以是硬件（如机器人），也可以是软件。

（2）著名智能体理论研究学者 Wooldridgc 博士等在讨论智能体时，则提出"弱定义"和"强定义"两种定义方法：弱定义智能体是指具有自治性、社会性、反应性和主动性等基本特性的智能体；强定义智能体是指不仅具有弱定义中的基本特性，而且具有移动性、通信能力、理性或其他特性的智能体。

（3）Franklin 和 Graesser 则把智能体描述为"一个处于环境之中并且作为这个环境一部分的系统，它随时可以感测环境并且执行相应的动作，同时逐渐建立自己的活动规划以应付未来可能感测到的环境变化"。

（4）著名人工智能学者、美国斯坦福大学的 Hayes Roth 认为："智能体能够持续执行三项功能，即感知环境中的动态条件，执行动作影响环境条件，进行推理以解释感知信息、求解问题、产生推断和决定动作。"

（5）智能体研究的先行者之一，美国的 Macs 则认为："自治或自主智能体是指那些存在于复杂动态环境中，感知环境信息，自主采取行动，并实现一系列预先设定的目标或任务的计算系统。"

8.1.2　智能体的特征

根据以上定义可知智能体具有下列基本特性。

（1）自治性（Autonomy）：智能体能根据外界环境的变化，自动地对自己的行为和状态进行调整，而不是仅仅被动地接收外界的刺激，其具有自我管理、自我调节的能力。

（2）反应性（Reactive）：智能体能够对外界的刺激做出相应反应。

（3）主动性（Proactive）：对于外界环境的改变，智能体能够主动采取行动。

（4）社会性（Social）：智能体具有与其他智能体或人进行合作的能力，不同的智能体可根据各自的意图与其他智能体进行交互，以达到解决问题的目的。

（5）进化性：智能体能积累或学习经验和知识，并修改自己的行为以适应新环境。

从智能体的特性就可以看出，智能体和对象有相同之处，都具有标识、状态、行为和接口，但它们有很大的不同，主要有以下几点。

（1）智能体具有智能，通常拥有自己的知识库和推理机，而对象一般不具有智能。

（2）智能体能够自主地决定是否对来自其他智能体的信息做出响应，而对象必须按照外界的要求去行动。也就是说，智能体系统能封装行为，而对象只能封装状态，不能封装行为，对象的行为取决于外部方法的调用。

（3）智能体之间可以通信，通常采用支持知识传递的通信语言。智能体可以被看成一类特殊的对象，即具有心智状态和智能的对象，智能体本身可以通过对象技术进行构造，而且目前大多数智能体都采用了面向对象的技术。智能体本身具有的特性又弥补了对象技术本身存在的不足，成为继对象技术后，计算机领域的又一次飞跃。

8.1.3 智能体的应用

智能体系统是一种新的智能系统，它的应用有三个方面：人工智能、计算机与信息科学、其他业务领域。在人工智能领域，智能体技术有着广泛的应用，如专家系统、智能机器人、知识表示、知识发现等。在计算机与信息科学领域，智能体技术也有重要应用，如网络、数据库、数据通信、软件工程等。智能体技术在其他业务领域的应用涉及经济、军事、工业、农业、教育等方面，具体来说，有工业制造、工业过程控制、农业专家系统、远程教育等。

8.1.4 智能体的基本结构和工作过程

智能体的合理性是通过性能指标、拥有的先验知识、可以感知的环境及可以执行的操作来衡量的。选择的程序必须适合体系结构。体系结构可能只是一台普通的个人计算机，或者一辆自动驾驶汽车，车上载有一些计算机、摄像头和其他传感器。总而言之，体系结构为程序提供来自传感器的感知信息，运行程序，并且把程序产生的行动选择传送给执行器。

在智能体的工作过程中可以将智能体属性总结为 PEAS（Performance，Environment，Actuators and Sensors），分别代表了性能、环境、执行器和传感器。以一辆自动驾驶汽车为例，它应该具有以下 PEAS。

性能：安全、守法、舒适、速度。

环境：道路、交通、行人、路标。

执行器：方向盘、油门、制动器、信号、喇叭、显示器。

传感器：摄像头、声呐、GPS、速度仪、里程表、加速度计、发动机传感器。

8.1.5 智能体环境的多样性

为了满足现实世界中的使用要求，人工智能本身需要有广泛的智能体。如果要设计一个合理的智能体，那么必须考虑智能体环境。智能体环境有以下几种类型。

完全可观察的环境和部分可观察的环境：如果是完全可观察的环境，智能体的传感器可以在每个时间点访问环境的完整状态。例如，国际象棋是一个完全可观察的环境，而扑克牌不是。

确定环境和随机环境：环境的下一个状态完全由当前状态和智能体接下来所执行

的操作决定。例如，8 数码难题这个在线拼图游戏有一个确定环境，而自动驾驶汽车没有。

静态环境和动态环境：当智能体在进行协商时，静态环境没有任何变化。例如，西洋双陆棋具有静态环境，而扫地机器人具有动态环境。

离散环境和连续环境：有限数量的明确定义的感知和行为，构成了一个离散环境。例如，跳棋是离散环境的一个范例，而自动驾驶汽车需要在连续环境下运行。

单一智能体环境和多智能体环境：仅有自身操作的智能体本身就是一个单一智能体环境。但是如果还有其他智能体包含在内，那么就是一个多智能体环境。自动驾驶汽车就具有多智能体环境。

下面介绍两个智能系统，表 8.1 是卫星图像分析系统，表 8.2 是网上购物系统，分别从性能、环境、执行器和传感器四个维度来分析。表 8.3 是对两个智能系统环境类型的分析。

表 8.1 卫星图像分析系统

性 能	环 境	执 行 器	传 感 器
正确的图像归类	轨道卫星的下行信道	场景归类的显示	颜色像素阵列

表 8.2 网上购物系统

性 能	环 境	执 行 器	传 感 器
价格	网站	场景归类的显示	颜色像素阵列
质量	厂商	商品展示	网页
合理性	货主	跟随 URL	文本
效率		填单	图像
			脚本

表 8.3 对两个智能系统环境类型的分析

环 境 类 型	案 例	
	卫星图像分析系统	网上购物系统
可观测	完全	部分
智能体	单一	单一
确定性	确定	随机
阵发性	阵发	顺序
动态性	半动态	半动态
离散性	连续	离散

8.1.6　智能体的分类

根据智能水平和执行任务的复杂度两个维度将智能体划分为以下四种类型。

- 简单反射性智能体（Simple Reflex Agents）
- 基于模型的反射性智能体（Model-based Reflex Agents）
- 基于目标的智能体（Goal-based Agents）
- 基于效用的智能体（Utility-based Agents）

简单反射性智能体（图 8.1）直接对感知信息做出反应，这些选择操作仅基于当前状态，忽略感知历史。只有环境完全可观察到，或者正确的行为基于目前的感知，它们才能工作。

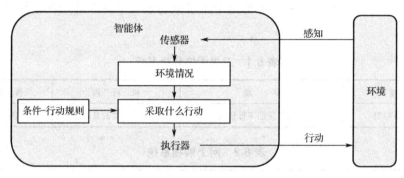

图 8.1　简单反射性智能体

基于模型的反射性智能体（图 8.2）会跟踪部分可观察的环境，而这些内部状态取决于感知历史。环境/世界的建模基于它如何从智能体中独立演化，以及智能体行为如何影响世界。

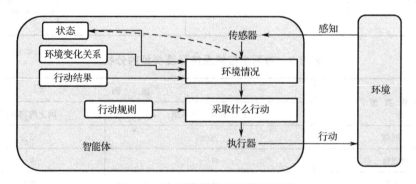

图 8.2　基于模型的反射性智能体

基于目标的智能体（图 8.3）是对基于模型的反射性智能体的改进，并且可在知道当前环境状态不足的情况下使用。行动是为了达到目的，智能体将提供的目标信息与环境模型相结合，选择实现该目标的行动。

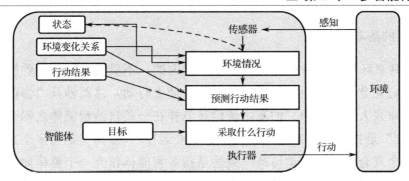

图 8.3　基于目标的智能体

基于效用的智能体（图 8.4）是对基于目标的智能体的改进，只在实现预期目标方面有所帮助是不够的，还需要考虑成本。例如，我们可能会寻找更快、更安全、更便宜的旅程到达目的地。这由一个效用函数标记。基于效用的智能体将选择使期望效用最大化的操作。

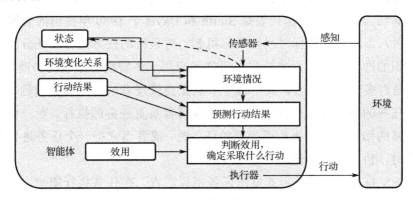

图 8.4　基于效用的智能体

8.2　多智能体协商

多智能体协商是指多个智能体为了以一致、和谐的方式工作而进行交互的过程。多智能体协商应用十分广泛，如商务谈判、资源竞争、任务分配和冲突消解等。在实际协商解决问题的过程中，智能体的执行目标是使自身效益最大化。从这个角度看，单个智能体通常是"自私"的。但当多个智能体要协作实现共同目标或求解复杂问题时，就需要彼此互相协商，直至经过多轮协商实现共同目标。在具体应用领域的动态协商环境中，具体任务或目标的分解、匹配、执行和冲突消解都是必要的协商策略。协商一般是指双方的利益和目标有冲突时通过谈判最终达成一致意见，强调通过谈判解决冲突。

1. 协商的基本概念

在一个共享环境中的智能体，其行动是自主的，不受其他智能体的影响，但这并不意味着它完全可以按自己的意愿、不顾全局去行动，这就涉及"协商一致性"的问题。分布式人工智能研究的基本课题是怎样在一些自治智能体之间建立一致和协商。"一致"是指如何将系统作为一个整体来运行，"协商"是指多个智能体怎样交互执行一个联合行动。所谓协商一致性是指多智能体作为一个整体如何工作达到最好的结果。协商是合作的基础，合作反过来又能提高系统的协商一致性。应采用合适的协商合作技术，使单个智能体局部一致，多个智能体全局一致，从而能出色地完成复杂任务。

2. 协商方法

针对多智能体协商，研究者根据不同的智能体模型和不同的应用环境提出了多种协商模型和算法。其中一个典型代表是 Smith 和 Davis 于 1980 年提出的合同网协商模型。它通过引入市场中的招标-投标-中标机制，对系统的任务进行委托分配，从而解决资源、知识的冲突问题，后来被很多研究者应用于多智能体系统的协商。

合同网是许多节点的集合，其中每个节点充当管理者或合同者的角色。管理者负责监视整个任务的执行及执行结果的处理。合同者负责任务的执行。当一个节点发现自己没有足够的知识或能力去处理当前的任务时，或者当它把一个任务进行分解而产生新的任务时，协商过程开始。

（1）任务发布：以广播的形式发出任务招标广告，在任务执行期间，本节点充当管理者。

（2）任务评价：网上的其他节点正在收听任务发布信息，它们根据自己的资源、能力、兴趣评价自己，看自己是否有能力胜任，并对有效时间内的多个任务进行评价，选择最合适的任务去投标。

（3）投标评估：管理者可能收到好几个投标书，它对投标者进行评估，选择其中的最佳投标者。

（4）中标通告：管理者对中标者发出中标通告，此中标者即成了这些任务的合同者，管理者与合同者之间建立合同。

（5）合同终止：合同者把部分执行结果或最后结果通知给它的管理者，管理者发送中止信息给合同者，合同宣告结束。

合同网中任务的产生、任务的分配是动态的，灵活性好。然而，在协商过程中，节点间以广播的方式互相通信，若节点数多，则效率较低。另外节点间订立合同，可以预先订立协议。所以合同网适用于智能体数目较少、任务较简单或能分解成独立子任务的多智能体系统。

8.3 多智能体学习

多智能体系统是一个复杂、动态的环境，系统中问题求解空间巨大，智能体行动策略的设计比较困难并且低效，因此学习技术是多智能体系统中不可缺少的一部分。

8.3.1 多智能体强化学习

多智能体强化学习就是指每个智能体通过与环境进行交互获取奖励值来学习、改善自己的策略，从而获得该环境下的最优策略。在单智能体强化学习中，智能体所在的环境是稳定不变的，但是在多智能体强化学习中，环境是复杂、动态的，因此给学习过程带来了很大的困难。在多智能体系统中，智能体之间可能涉及合作与竞争等关系，由此引入博弈的概念，将博弈论与强化学习相结合可以很好地处理这些问题，包括矩阵博弈、静态博弈、阶段博弈、重复博弈等。

8.3.2 多智能体强化学习基本算法

一个随机博弈可以看成一个多智能体强化学习过程。其实这两个概念不能完全等价，随机博弈中假定每个状态的奖励矩阵是已知的，不需要学习。而多智能体强化学习则通过与环境的不断交互来学习每个状态的奖励值函数，再通过这些奖励值函数来学习得到最优策略。

在多智能体强化学习算法中，两个主要的技术指标为合理性与收敛性。

合理性（Rationality）：指在对手使用一个恒定策略的情况下，当前智能体能够学习并收敛到一个相对于对手策略的最优策略。

收敛性（Convergence）：指在其他智能体也使用学习算法时，当前智能体能够学习并收敛到一个稳定的策略。通常情况下，收敛性针对系统中所有的智能体使用相同的学习算法。

根据应用来分，多智能体强化学习算法可分为零和博弈算法与一般和博弈算法。其中比较经典的算法有 Minimax-Q 算法、Nash Q-Learning 算法、Friend-or-Foe Q-Learning 算法、WoLF-PHC 算法。Minimax-Q 算法应用于两个玩家的零和随机博弈中。Nash Q-Learning 算法是将 Minimax-Q 算法从零和博弈扩展到一般和博弈的算法。Friend-or-Foe Q-Learning 算法也从 Minimax-Q 算法拓展而来。为了能够处理一般和博弈，该算法对一个智能体 i，将其他所有智能体分为两组，一组为 i 的 friend，帮助 i 一起最大化其奖励回报；另一组为 i 的 foe，对抗 i 并降低 i 的奖励回报。这样一个 n 智能体的一般和博弈就转化了两个智能体的零和博弈。WoLF-PHC 算法是通过 PHC

算法学习改进策略的，所以不需要使用线性规划或二次规划求解纳什均衡，算法速度得到了提高。

本章小结

　　智能体技术是人工智能的实用化和分布式计算环境下智能软件的重要技术，具有社会知识和领域知识，能依据心智状态自治工作，并具有领域互操作和协作能力。本章首先介绍了智能体的基本概念，然后介绍了智能体的体系结构、协调、协作及智能体学习。

习题

　　1．填空题

　　（1）合同网协商模型于_____年提出。

　　（2）_____是一种全新的分布式计算技术。

　　（3）20 世纪 90 年代，多智能体系统的研究已成为分布式_____研究的热点。

　　（4）智能体=智能体体系结构+_____。

　　（5）多智能体强化学习算法的两个性能指标为_____和_____。

　　2．简答题

　　（1）简述智能体的特征。

　　（2）为什么智能体之间要进行协商？

第9章 人工智能综合应用

人工智能应用（Applications of Artificial Intelligence）的范围很广，包括计算机科学、金融贸易、医药、诊断、重工业、运输、远程通信、在线和电话服务、法律、科学发现、玩具和游戏、音乐等方面。本章主要介绍人工智能在嵌入式智能小车上的应用，模拟智能小车在智慧交通中实现图像识别和语音识别等功能。

9.1 嵌入式人工智能综合开发平台介绍

该平台模仿现代自动智能汽车设计，外形如图 9.1 所示，本身具有主动的环境感知能力，智能 TFT 显示屏提供了优良的人机交互界面，整车信息一览无余。整个平台采用 CAN 总线通信，多个处理器同时工作，数据处理更加流畅稳定。它采用多通道无线技术，相关参数一屏显示（OLED 显示），并且完全满足基于 Android 系统的智能车运动控制，具有语音识别、视频采集与处理、二维码识别等高级人工智能处理技术。

图 9.1 嵌入式人工智能综合开发平台外形

该平台有四块电路板，分别是循迹板、驱动板、任务板、核心板。该平台采用 STM32F4 系列芯片控制，反应速度快，行动非常灵活，可模拟小车在智慧交通中的应用，用户可以根据自己的需求选择需要控制的对象进行控制，并可以按照需求进行增加、删减、组合调整。其中对视频图像的采集主要由云台摄像头完成，摄像头采集到数据后，利用嵌入式芯片对图形图像进行处理，而红外、超声波、语音识别交互、光照等参数的识别均集成在任务板中，任务板如图 9.2 所示。

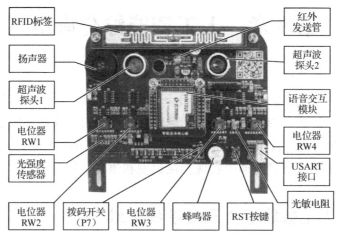

图 9.2 任务板

9.2 嵌入式沙盘介绍

该平台模拟智慧交通系统，故要有配套的沙盘，使智能小车能在沙盘上完成各种任务，并按照任务要求进行识别。嵌入式沙盘主要包括嵌入式地图和嵌入式标志物两部分，嵌入式地图如图 9.3 所示，该地图中的黑线模拟城市主干道，中间方框中的图片模拟城市中各种主要建筑物。

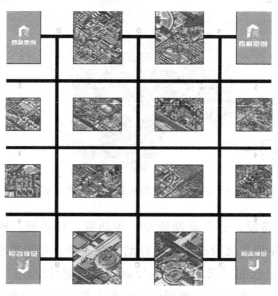

图 9.3 嵌入式地图

嵌入式标志物主要有立体车库、道闸、语音播报、LED 显示、智能 TFT 显示屏、报警台、智能路灯、智能交通灯、ETC 等。本章后面重点介绍语音识别和图形图像识别功能,语音识别功能主要集成在该平台的任务板上,并可通过语音播报标志物声音。与图形图像识别相关的标志物是智能 TFT 显示屏和智能交通灯,智能 TFT 显示屏主要显示车牌信息及其他的图形形状和颜色信息。智能 TFT 显示屏和智能交通灯分别如图 9.4 和图 9.5 所示。

图 9.4　智能 TFT 显示屏

图 9.5　智能交通灯

9.3　功能介绍

该平台以基于 ARM 构架的 STM32 系列芯片为核心,采用模块化设计,以小车为载体,为用户提供微型化、智能化和网络化的控制模块及产品。其主要特点如下。

- 以嵌入式技术和安卓应用为主流。
- 控制模式多样化,可远程控制。

- 支持智能识别。
- 人性化界面，操作更直观。
- 全自动感应。
- 具有实用性、安全性、可靠性、可扩展性。

该平台主要针对用户学习嵌入式技术与安卓应用开发。从功能上可划分为电机控制、图像传送、形状识别、无线局域网通信、红外通信、条形码识别、二维码识别、颜色识别、超声波测距、光照强度检测、NFC 通信、ZigBee 通信、光电码盘测速、热释电红外测试、循迹线识别等。

9.3.1　语音识别与处理

1．什么是语音识别

语音识别（Automatic Speech Recognition，ASR）：利用计算机实现从语音到文字的自动转换。

2．语音识别技术

语音识别技术=早期信号处理和模式识别+机器学习+深度学习+数值分析+高性能计算+自然语言处理

语音识别技术的发展可以说有一定的历史背景。20 世纪 80 年代，语音识别研究的重点已经开始逐渐转向大词汇量、非特定人连续语音识别。到了 20 世纪 90 年代，语音识别并没有什么重大突破，直到大数据与深度神经网络时代的到来，语音识别技术才取得了很大的进展。

3．语音识别的相关领域

语音识别的相关领域有自然语言理解、自然语言生成、语音合成等。

4．语音识别的社会价值

语音信号是典型的局部稳态时间序列信号，而日常所见的大量信号都属于这种局部稳态时间序列信号，如视频、雷达信号、金融资产价格、经济数据等。这些信号的共同特点是在抽象的时间序列中包含大量不同层次的信息，可以用相似的模型进行分析。

历史上，语音信号的研究成果在若干领域起到启发作用，如语音信号处理中的隐马尔可夫模型在金融分析、机械控制等领域都得到了广泛的应用。近年来，深度神经网络在语音识别领域的巨大成功，直接促进了各种深度学习模型在自然语言处理、图形图像处理、知识推理等众多领域的发展应用，取得了一个又一个令人惊叹的成果。

5．如何构建语音识别系统

语音识别系统（图 9.6）包括两个部分：训练和识别。训练通常来讲都是离线完成的，将海量的未知语音通过话筒变成信号之后加在识别系统的输入端，经过处理后再根据语音特点建立模型，对输入的信号进行分析，并提取信号中的特征，在此基础上建立语音识别所需的模板。

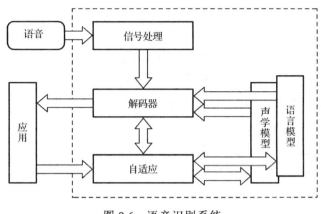

图 9.6　语音识别系统

识别则通常是在线完成的，对用户实时语音进行自动识别。这个过程又基本可以分为"前端"和"后端"两个模块。前端主要的作用就是进行端点检测、降噪、特征提取等。后端的主要作用是利用训练好的"声学模型"和"语言模型"对用户的语音特征向量进行统计模式识别，得到其中包含的文字信息。

6．语音识别技术中的关键问题

1）语音特征抽取

语音识别的一个主要困难在于语音信号的复杂性和多变性。一段看似简单的语音信号，其中包含了说话人、发音内容、信道特征、口音方言等大量信息。不仅如此，这些底层信息互相组合在一起，又表达了如情绪变化、语法语义、暗示内涵等丰富的高层信息。如此众多的信息中，仅有少量是和语音识别相关的，这些信息被淹没在大量其他信息中，因此充满了变动性。语音特征抽取即在原始语音信号中提取出与语音识别最相关的信息，滤除其他无关信息。

语音特征抽取的原则：尽量保留对发音内容的区分性，同时提高对其他信息变量的鲁棒性。历史上，研究者通过物理学、生理学、心理学等模型构造出各种精巧的语音特征抽取方法，近年来的研究倾向于通过数据驱动学习适合某一应用场景的语音特征。

2）模型构建

语音识别中的建模包括声学建模和语言建模。声学建模是对声音信号（语音特征）

的特性进行抽象化。自 20 世纪 70 年代中期以来，声学模型基本上以统计模型为主，特别是隐马尔可夫模型/高斯混合模型（HMM/GMM）结构。最近几年，深度神经网络（DNN）和各种异构神经网络成为声学模型的主流结构。

声学模型需要解决如下几个基本问题：

- 如何描述语音信号的短时平稳性？
- 如何描述语音信号在某一平稳瞬态的静态特性，即特征分布规律？
- 如何应用语法语义等高层信息？
- 如何对模型进行优化，即模型训练？

同时，在实际应用中，还需要解决众多应用问题，例如：

- 如何从一个领域快速自适应到另一个领域？
- 如何对噪声、信道等非语音内容进行补偿？
- 如何利用少量数据建模？
- 如何提高对语音内容的区分性？
- 如何利用半标注或无标注数据？

语言建模是对语言中的词语搭配关系进行归纳，抽象成概率模型。这一模型在解码过程中对解码空间形成约束，不仅可以减少计算量，而且可以提高解码精度。传统语言模型多基于 N 元文法，近年来基于递归神经网络（RNN）的语言模型发展很快，在某些识别任务中取得了比 N 元文法模型更好的结果。

语言模型要解决的主要问题是如何对低频词进行平滑。不论是 N 元文法模型还是 RNN 模型，低频词都很难积累足够的统计量，因而无法得到较好的概率估计。平滑方法借用高频词或相似词的统计量，提高了对低频词概率估计的准确性。

除此之外，语言建模研究还包括：

- 如何对字母、字、词、短语、主题等多层次语言单元进行多层次建模？
- 如何对应用领域进行快速自适应？
- 如何提高训练效率？特别是对神经网络模型来说，提高效率尤为重要。
- 如何有效利用大量噪声数据？

3）解码

解码是利用声学模型和语言模型中积累的知识，对语音信号序列进行推理，从而得到相应语音内容的过程。早期的解码器一般为动态解码，即在开始解码前，将各种知识源以独立模块的形式加载到内存中，动态构造解码图。现代语音识别系统多采用静态解码，即将各种知识源统一表达成有限状态转移机（FST），并将各层次的 FST 嵌套组合在一起，形成解码图。解码时，一般采用 Viterbi 算法在解码图中进行路径搜索。为加快搜索速度，一般对搜索路径进行剪枝，保留最有希望的路径，即束搜索（Beam Search）。

对解码器的研究包括但不限于如下内容：

- 如何加快解码速度？
- 如何实现静态解码图的动态更新（如加入新词）？
- 如何利用高层语义信息？
- 如何估计解码结果的信任度？
- 如何实现多语言和混合语言解码？
- 如何对多个解码器的解码结果进行融合？

9.3.2 图像识别与处理

图像特征包括颜色特征、纹理特征、形状特征及局部特征点等。

局部特征点具有很好的稳定性，不容易受外界环境的干扰。

1. 局部特征点

图像特征提取是图像分析与图像识别的前提，它是将高维的图像数据进行简化表达的最有效的方式，从一幅图像的数据矩阵中，我们看不出任何信息，所以必须根据这些数据提取出图像中的关键信息、一些基本元件及它们的关系。

局部特征点是图像特征的局部表达，它只能反映图像上具有的局部特殊性，所以它只适合对图像进行匹配、检索等，对于图像理解则不太适合。而后者更关心一些全局特征，如颜色分布、纹理特征、主要物体的形状等。全局特征容易受到环境的干扰，光照、旋转、噪声等不利因素都会影响全局特征。相比而言，局部特征点往往对应着图像中的一些线条交叉、明暗变化的结构，受到的干扰也少。

而斑点与角点是两类局部特征点。斑点通常是指与周围有着颜色和灰度差别的区域，如草原上的一棵树或一栋房子。它是一个区域，所以它比角点的抗噪能力要强，稳定性要好。角点则是图像中物体的拐角或线条之间的交叉部分。

2. 斑点检测原理与举例

1）LoG 与 DoH

斑点检测的方法主要包括利用高斯拉普拉斯算子检测的方法（LoG），以及利用像素点 Hessian 矩阵（二阶微分）及其行列式值的方法（DoH）。

LoG 方法因为二维高斯函数的拉普拉斯核很像一个斑点，所以可以利用卷积来求出图像中的斑点状的结构。

DoH 方法利用了图像点二阶微分 Hessian 矩阵及它的行列式值，同样也反映了图像局部的结构信息。与 LoG 相比，DoH 对图像中的细长结构的斑点有较好的抑制作用。

无论是 LoG 还是 DoH，它们对图像中的斑点进行检测都可以分为以下两步。

（1）使用不同的模板，对图像进行卷积运算；

（2）在图像的位置空间与尺度空间中搜索 LoG 或 DoH 响应的峰值。

2）SIFT

2004 年，Lowe 提出了高效的尺度不变特征变换算法（SIFT），利用原始图像与高斯核的卷积来建立尺度空间，并在高斯差分空间金字塔上提取出尺度不变的特征点。该算法具有一定的仿射不变性、视角不变性、旋转不变性和光照不变性，所以在图像特征增强方面得到了广泛的应用。

该算法大概可以归纳为三步：

（1）高斯差分金字塔的构建；

（2）特征点的搜索；

（3）特征描述。

在第一步中，它用组与层的结构构建了一个具有线性关系的金字塔结构，让我们可以在连续的高斯核尺度上查找特征点。它比 LoG 高明的地方在于，它用一阶高斯差分来近似高斯的拉普拉斯核，大大减少了运算量。

在第二步中，一个关键环节是极值点的插值，因为在离散的空间中，局部极值点可能并不是真正意义上的极值点，真正的极植点可能落在了离散点的缝隙中。所以要对这些缝隙位置进行插值，然后求极值点的坐标位置。

第二步中另一个关键环节是删除边缘效应点，因为只忽略那些 DoG 响应不强的点是不够的，DoG 的值会受到边缘的影响，那些边缘上的点，虽然不是斑点，但是它们的 DoG 响应也很强，所以我们要把这部分点删除。利用横跨边缘的地方，在沿边缘方向与垂直边缘方向表现出极大与极小的主曲率这一特性，通过计算特征点处主曲率的比值即可区分其是否在边缘上。

最后一步，即特征描述。特征点方向的求法是对特征点邻域内的点的梯度方向进行直方图统计，选取直方图中比重最大的方向为特征点的主方向，还可以选择一个辅方向。在计算特征矢量时，需要将局部图像沿主方向旋转，然后进行邻域内的梯度直方图统计。

3）SURF

2006 年，Bay 和 Ess 等人基于 SIFT 算法的思路，提出了加速鲁棒特征（SURF），该算法主要针对 SIFT 算法速度太慢、计算量大的缺点，使用了近似 Harr 小波方法来提取特征点，这种方法就是基于 Hessian 行列式的斑点特征检测方法。通过在不同的尺度上利用积分图像可以有效地计算出近似 Harr 小波值，简化了二阶微分模板的构建，提高了尺度空间的特征检测的效率。

SURF 算法在积分图像上使用盒子滤波器对二阶微分模板进行了简化，从而构建了 Hessian 矩阵元素值，进而缩短了特征提取的时间，提高了效率。其中，SURF 算法在每个尺度上对每个像素点进行检测。

利用盒子滤波器获得近似卷积值。如果大于设置的门限值，则判定该像素点为关键字。然后与 SIFT 算法近似，在以关键点为中心的像素邻域内进行非极大值抑制。最后通过对斑点特征进行插值运算，完成 SURF 特征点的精确定位。

SURF 特征点的描述充分利用了积分图，用两个方向上的 Harr 小波模板来计算梯度，然后用一个扇形对邻域内点的梯度方向进行统计，求得特征点的主方向。

3．角点检测的原理与举例

角点检测的方法也是极多的，其中具有代表性的方法如下。

1）Harris 角点检测

Harris 角点检测是一种基于图像灰度的一阶导数矩阵检测方法。该方法的主要思想是局部自相似性/自相关性，即在某个局部窗口内图像块与在各个方向微小移动后的窗口内图像块的相似性。

在像素点的邻域内，导数矩阵描述了数据信号的变化情况。假设在像素点邻域内任意方向上移动块区域，若强度发生了剧烈变化，则变化处的像素点为角点。

通过计算 Harris 矩阵的角点响应值来判断是否为角点。当角点响应值大于设置的门限值，且为该点邻域内的局部最大值时，把该点当成角点。

2）FAST 角点检测

基于加速分割测试的 FAST 算法可以快速地检测出角点特征。该算法判断一个候选点是否为角点的依据是：在一个像素点为圆心、半径为 3 个像素的离散化 Bresenham 圆周上，在给定阈值的条件下，在圆周上连续的像素灰度值。

针对上面的定义，可以用快速的方法来完成检测，而不用把圆周上的所有点都比较一遍。首先比较上下左右四个点的像素值关系，至少有 3 个点的像素灰度值大于或小于阈值，则为候选点，然后进一步进行完整的判断。

为了加快算法的检测速度，可以使用机器学习 ID3 贪婪算法来构建决策树。这里需要说明的是，2010 年 Elmar 和 Gregory 等人提出了自适应通用加速分割检测（AGAST）算法，把 FAST 算法中的 ID3 决策树改造为二叉树，并能够根据当前处理的图像信息动态且高效地分配决策树，提高了算法的运算速度。

4．二进制字符串特征描述子

可以注意到在两种角点检测算法里，我们并没有像 SIFT 或 SURF 那样提到特征点的描述问题。事实上，特征点一旦检测出来，无论是斑点还是角点，描述方法都是一样的，可以选用最有效的特征描述子。

特征描述是实现图像匹配与图像搜索必不可少的步骤。到目前为止，人们研究了各种各样的特征描述子，比较有代表性的就是浮点型特征描述子和二进制字符串特征描述子。

SIFT 与 SURF 算法中，用梯度统计直方图来描述的描述子都属于浮点型特征描述子，但算法复杂，效率较低，所以后来就出现了许多新型的特征描述算法，如 BRIEF。很多二进制字符串描述子如 ORB、BRISK、FREAK 等都是在它的基础上改进的。

1）BRIEF 算法

BRIEF 算法的主要思想是：在特征点周围邻域内选取若干个像素点对，通过对这些点对的灰度值进行比较，将比较的结果组合成一个二进制字符串用来描述特征点。最后，使用汉明距离来计算该特征描述子是否匹配。

2）BRISK 算法

BRISK 算法在特征点检测部分没有选用 FAST 算法，而是选用了稳定性更强的 AGAST 算法。在特征描述子的构建中，BRISK 算法通过利用简单的像素灰度值比较，得到一个级联的二进制字符串来描述每个特征点，其原理与 BRIEF 算法是一致的。BRISK 算法采用了邻域采样模式，即以特征点为圆心，构建多个不同半径的离散化 Bresenham 同心圆，然后在每一个同心圆上获得具有相同间距的 N 个采样点。BRISK 算法采样模式如图 9.7 所示。

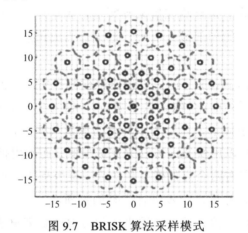

图 9.7　BRISK 算法采样模式

由于这种邻域采样模式在采样时会产生图像灰度混叠的影响，所以 BRISK 算法首先对图像进行高斯平滑处理，并且使用的高斯函数标准差与各自同心圆上点间距成正比。

3）ORB 算法

ORB 算法使用 FAST 算法进行特征点检测，然后用 BRIEF 算法进行特征点的特征描述，但是我们知道 BRIEF 并没有特征点方向的概念，所以 ORB 在 BRIEF 基础上引入了方向的计算方法，并在点对的挑选上使用贪婪搜索算法，挑出了一些区分性强的点对用来描述二进制字符串。

4）FREAK 算法

根据视网膜原理进行点对采样，中间密集一些，离中心越远越稀疏，并且由粗到精构建特征描述子，采用穷举贪婪搜索找相关性小的。42 个感受野、1000 对点的组合，找前 512 个即可。这 512 个分成 4 组，前 128 个相关性更小，可以代表粗信息，后面越来越精。匹配的时候可以先看前 16B，即代表精信息的部分，如果距离小于某个阈值，则继续，否则就不用往下看了。

5. 图像匹配应用

图像匹配的研究目标是精确判断两幅图像之间的相似性。图像之间的相似性的定义又随着不同的应用需求而改变。例如，在物体检索系统中找出含有亚伯拉罕·林肯的脸的图像，我们认为同一物体的不同图像是相近的。而在物体类别检索系统中找出含有人脸的图像，我们则认为相同类别的物体之间是相近的。

这里局部特征点的应用主要表现在第一种相似性上，也就是说，我们需要设计某种图像匹配算法来判断两幅图像是不是同一物体或场景的图像。理想的图像匹配算法应该认为两幅同一物体图像之间的相似度很高，而两幅不同物体图像之间的相似度很低，图像匹配算法如图 9.8 所示。

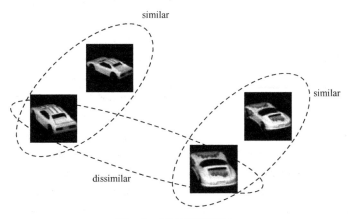

图 9.8 图像匹配算法

由于成像时光照、环境、角度的不一致，我们获取的同一物体的图像是存在差异的，如图 9.8 中两辆小车的图像，角度不同，成像就不同。我们直接利用图像比较是无法判断小车是否为同一类的。必须进行特征点的提取，再对特征点进行匹配。

图像会存在哪些变化呢？一般来说，包括光照变化与几何变化，光照变化表现在图像上是全局或局部颜色的变化，而几何变化种类就比较多了，可以是平移、旋转、尺度、仿射、投影变换等。所以我们在研究局部特征点时要求特征点对这些变化具有稳定性，同时要有很强的独特性，可以让图像的区分性强，即类内距离小而类间距离大。

9.4 嵌入式人工智能综合开发平台结果展示

该平台模拟智慧交通系统,包含小车出入库、图片识别、交通信号灯识别、扫码识别、超声波测距、光照度测试、RFID 读取、语音识别及播报等功能。下面介绍一个整体任务,让小车通过智能终端启动,并自主识别和实现各种功能。

9.4.1 任务要求

任务要求见表 9.1。

表 9.1 任务要求

序 号	任 务 要 求	说 明
1	任务 1:启动控制 主车在开始运动之前须启动 LED 显示标志物的计时器;完成入库后停止 LED 显示标志物的计时器,并开启蜂鸣器与左右双闪灯	计时器在主车开始移动之后开启,或在入库之前停止,或中途暂停,或未启动,均按 5 分钟计时。主车完成入库任务之后,须开启蜂鸣器与左右双闪灯并保持 主车须按以下路径行进: F1→F2→D2→B2→B4→D4→F4→F6→D6→D7 从车须按以下路径行进: D5→D6→B6→B4→车库
2	任务 2:图片识别 主车在 F2 处,主车识别智能 TFT 显示屏中的图形,获得形状与颜色信息,并按照指定格式发送到立体显示标志物上显示;主车识别智能 TFT 显示屏中车牌图片,获得车牌信息,并按照指定格式发送到智能 TFT 显示屏上显示	智能 TFT 显示屏复位后默认为图片自动播放模式,需要通过翻页控制图片显示 立体显示标志物上,显示格式为 AaBbCc|Ee(使用车牌显示协议)。其中,A 代表矩形,a 为矩形的数量(0~9);B 代表圆形,b 为圆形的数量(0~9);C 代表三角形,c 为三角形的数量(0~9);E 代表五角星,e 为五角星数量(0~9);在这里规定正方形只归属于矩形,不归属于菱形,菱形数量为 0~9 智能 TFT 显示屏显示车牌格式为:"国 XYYYXY"。其中"国"固定不变,后面为 6 位号码,X 代表 A~Z 中任意一个字母,Y 代表 0~9 中任意一个数字
3	任务 3:交通信号灯识别 主车到达坐标 D2 处,启动智能交通灯标志物,并在规定的时间内识别出当前交通信号灯的颜色,按照指定格式发给交通灯标志物进行比对确认	主车须在规定的时间内识别出交通信号灯的颜色,超时结果无效 主车识别后只须将结果发回给交通灯标志物,无须执行相应操作
4	任务 4:扫码识别 主车到达坐标 B2 处,识别 A2 处静态标志物中的二维码,并获取其文本信息,通过现场下发的数据处理方法处理之后,得到烽火台标志物开启码	二维码信息格式为字符串,例如: <Aa12x16,Fg.5tx15/x2+\1/hgBb> 烽火台标志物开启码的获取过程见现场发放的数据处理算法

序　号	任 务 要 求	说　明
5	任务 5：超声波距离探测 　　主车在坐标 B2 处，使用超声波传感器进行距离测量，获得距离信息，并按照指定格式将距离信息发送到 LED 显示标志物上显示	距离测量起始点为 B2 处十字路口外边沿（靠近 A2），距离测量终点为静态标志物平面
6	任务 6：光照挡位探测 　　主车在坐标 B4 处，通过光照度传感器获取智能路灯当前挡位，并按照指定计算方式处理之后，得到从车入库坐标信息	指定计算方式为：$(((X*3-1)*Y)\%4)+1=N$，其中 X 为获取的智能路灯当前挡位信息；Y 为从 RFID 卡中提取的某位特征数据；N 为计算结果，N 与从车入库坐标对应关系将在后续任务中给出
7	任务 7：RFID 数据获取 　　主车在 D2→B2→B4 路线行进过程中，寻找 RFID 卡，并读取其指定地址数据块内容	RFID 数据块地址由 TFT 显示标志物中的图形与颜色信息来决定，按照以下规则获取数据块地址：红色图形的数量（超过 15，则对 15 取余）决定 RFID 卡内数据的扇区编号，菱形的数量（超过 3，则对 3 取余）决定该扇区内的块编号。示例：如有 3 个红色图形和 2 个菱形，则 RFID 卡中的数据位于第 3 扇区内的第 2 数据块中 　　RFID 卡内容格式：<-&Y&,/;[D->Rr]>，其中：Y 为 1～2 位十进制数；Rr 为从车车头朝向，仅限于 C5、E5、D4、D6 四种。示例：<&11&,/[D->D6]>
8	任务 8：经过特殊地形 　　主车在 B4→D4→F4 路线行进过程中，顺利通过带有特殊地形的路面（地形标志物）	比赛测试时裁判将指定地形标志物摆放位置，地形从四种中选择一种，所有决赛赛道地形标志物摆放位置一致 　　主车在通过地形标志物时，不能和地形标志物两侧护栏发生碰撞，否则认定任务失败
9	任务 9：从车控制 　　主车停在 F4 处，启动从车，使其按照指定路线行进到 B4 处，期间在通过 C6 时，主车须为从车打开道闸标志物；从车须在 B5 处识别静态标志物中的二维码，得到其文本信息，获得需要设定的智能路灯标志物最终挡位，从车在 B4 处将智能路灯标志物调整到该挡位 　　从车根据入库坐标信息，自动规划行驶路线，最终停在该坐标位置，车头方向自行决定，之后主车继续启动完成剩下任务	道闸标志物开启车牌为：国 C678G1 　　二维码格式为：<a,V.|Set=W|> 　　其中|Set=W|为有效信息，W（1～4）即智能路灯标志物最终挡位，其中可能包含其他干扰字符。示例：<a,V.|Set=2|>，则智能路灯标志物最终挡位为 2 挡 　　从车入库坐标与任务 6 中计算结果 N 之间的对应关系如下所示。 　　N=1→从车入库坐标：B1 　　N=2→从车入库坐标：D1 　　N=3→从车入库坐标：F1 　　N=4→从车入库坐标：G2
10	任务 10：语音识别交互 　　主车在位置 F4 处，主车启动语音识别功能控制语音播报标志物播放语音命令，识别语音播报标志物播放的语音命令，并把识别的语音命令编号按照指定格式发给评分终端	语音播报标志物通信协议与预设语音命令编号、主车与智能评分终端的数据格式见通信协议

序　号	任　务　要　求	说　　明
11	任务 11：开启烽火台报警 主车在位置 F5 处，通过红外发送开启码，将烽火台标志物开启	开启码由主车在任务 4 中扫描二维码，通过数据处理算法处理之后得到 数据处理过程请参考数据处理算法文件
12	任务 12：通过 ETC 系统 主车在指定路线 F6→E6→D6 上行进，在 F6 附近使 ETC 系统感应到主车上携带的电子标签，打开抬杆，主车顺利通过 ETC 系统	主车须在不接触 ETC 抬杆（抬杆保持时间约为 10s）的情况下通过 ETC 系统 应计算好通过时间，避免抬杆下落触碰主车，若因此导致主车失控，则视为控制不当
13	任务 13：返回入库，无线充电 主车在位置 D6 处，通过指定格式指令控制立体车库标志物复位，并采用倒车入库方式进入立体车库标志物，控制其上升到指定层数 主车控制无线充电标志物开启，显示系统标志物计数结束，开启蜂鸣器与左右双闪灯	在倒车进入立体车库后，应当控制主车停在合适的位置。若在车库上升过程中，主车跌落，则视为操作不当，自行承担相应责任与损失 立体车库指定层数为 2 层

9.4.2　图像识别及平台展示

沙盘标志物整体图如图 9.9 所示，小车可从车库出发，经过设定的路线，完成语音识别、图形图像识别等任务，最终进入车库，实现自动充电。

图 9.9　沙盘标志物整体图

　　语音识别通过语音交互模块来实现，SYN7318 智能语音交互模块集成了语音识别、语音合成和语音唤醒功能。其中语音识别方面，支持 10000 个词条的语音识别，可实现语义理解，并支持识别词条的分类反馈能力。如对于"请开灯 1""开灯 1""打开灯 1"均可以反馈为用户指定的命令 ID=1。

　　打开上位机"SYN7318 语音交互模块-PC 演示程序 V1.4"，选择相应的端口号，波特率默认为 115200。然后设置唤醒名，如图 9.10 所示，系统内置了 7 个默认唤醒名，为适应用户个性化需求，也可以自定义唤醒名。单击"开启唤醒"按钮后，当检测到自定义的唤醒名时，模块开始工作。

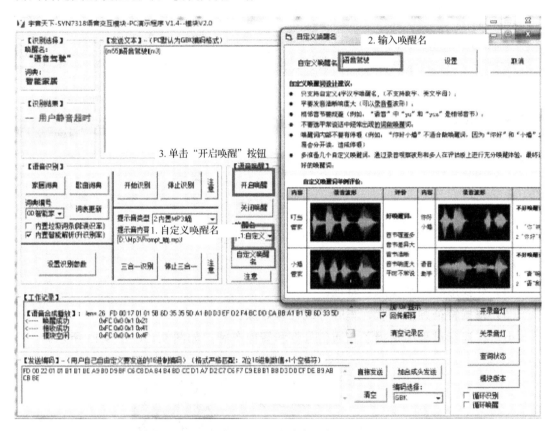

图 9.10　设置唤醒名

　　单击"开始识别"按钮，当任务板的录音灯亮时，选择"发送文本"编辑栏里的一条语音命令进行人工或者电子音播报，识别到的词条会高亮显示，本次识别如图 9.11 所示。

　　该平台在进行图像识别时，先由摄像头拍摄前面的图像，然后将图像传输到嵌入式芯片，芯片获取到信息后，经过以下几步进行处理：

　　（1）获取摄像头图像；

　　（2）对摄像头图像进行像素扫描；

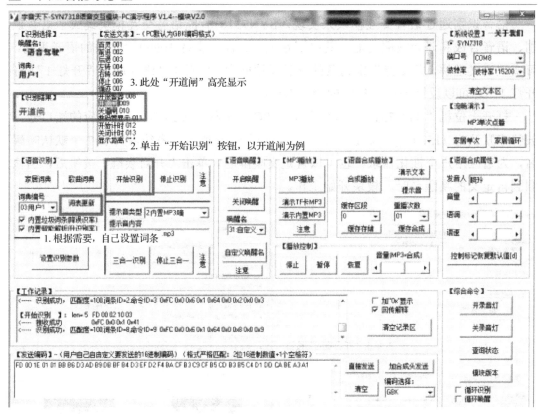

图 9.11　本次识别

（3）去除图像背景；

（4）寻找形状特征及颜色特征；

（5）根据特征判断形状、车牌号或红绿灯颜色。

小车在运行过程中拍摄了交通信号灯和智能车牌，如图 9.12、图 9.13 所示。

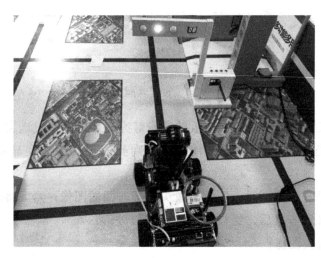

图 9.12　拍摄交通信号灯

图 9.13　拍摄智能车牌

本章小结

人工智能是研究、开发用于模拟、延伸和扩展人的智能的理论、方法、技术及应用系统的一门新的技术科学。人工智能是计算机科学的一个分支，它企图了解智能的实质，并生产出一种新的能以人类智能相似的方式做出反应的智能机器。该领域的研究包括机器人、语言识别、图像识别、自然语言处理和专家系统等。人工智能从诞生以来，理论和技术日益成熟，应用领域也不断扩大。可以设想，未来人工智能带来的科技产品，将会是人类智慧的"容器"。

人工智能涵盖的内容繁多，本章只是对人工智能综合应用案例进行了介绍。通过本章的学习，读者要掌握语音识别、图像识别的概念，了解人工智能综合应用的范围、人工智能如何在案例中实现、人工智能的应用在各领域涉及的各项技术。

习题

1．简述语音识别的概念。
2．简述视觉系统的概念。
3．简述智能机器人的功能。

参考文献

[1] 李德毅. 人工智能导论[M]. 北京：中国科学技术出版社，2018.

[2] 汤晓鸥，陈玉昆. 人工智能基础（高中版）[M]. 上海：华东师范大学出版社，2018.

[3] 史忠植. 知识发现[M]. 北京：清华大学出版社，2001.

[4] 史忠植. 高级人工智能[M]. 2版. 北京：科学出版社，2006.

[5] 李陶深. 人工智能[M]. 重庆：重庆大学出版社，2002.

[6] 史忠植，梁永全，吴斌，等. 知识工程和知识管理[M]. 北京：机械工业出版社，2003.

[7] 袁国铭，李洪奇，樊波. 关于知识工程的发展综述[D]. 2011.

[8] 胡运发. 数据与知识工程导论[M]. 北京：清华大学出版社，2003.

[9] 王万良. 人工智能导论[M]. 4版. 北京：高等教育出版社，2017.

[10] 鲍军鹏，张选平. 人工智能导论[M]. 4版. 北京：机械工业出版社，2017.

[11] 陈凯，朱钰. 机器学习及其相关算法综述[D]. 2007.

[12] Tom M Mithell. 机器学习[M]. 曾华军，张银奎，等，译. 北京：机械工业出版社，2003.

[13] 廉师友. 人工智能技术导论[M]. 3版. 西安：西安电子科技大学出版社，2000.

[14] 周志华. 机器学习[M]. 北京：清华大学出版社，2016.

[15] Zhou Z H. A brief introduction to weakly supervised learning[J]. National Science Review，2017，5(1):44-53.

[16] 宗成庆. 统计自然语言处理[M]. 北京：清华大学出版社，2008.

[17] 常宝宝，张伟. 机器翻译研究的现状和发展趋势[J]. 产品安全与召回，1998(2):32-35.

[18] Weizenbaum J . ELIZA-A computer program for the study of natural language communication between man and machine[J]. Communications of the Association for Computing Machinery，1966(9).

[19] Mollá, Diego，Vicedo，José Luis. Question Answering in Restricted Domains: An Overview[J]. Computational Linguistics，2007，33(1):41-61.

[20] Stuart Russell. 人工智能：一种现代方法[M]. 北京：人民邮电出版社，2010.

[21] 才云科技，郑泽宇，顾思宇. Tensorflow：实战 Google 深度学习框架[M]. 北

京：电子工业出版社，2017.

[22] 郑玲. 基于神经网络的电影票房预测模型研究与实现[D]. 北京邮电大学，2018.

[23] 陈士举. 基于深度学习的城市车辆交通流量分析算法研究[D]. 河北科技大学，2018.

[24] Michael Wooldridge. 多 Agent 系统引论[M]. 北京：电子工业出版社，2003.

[25] Wooldridge M J, Jennings N R. Intelligent Agent: Theory and Practice[J]. Knowledge Engineering Review，1995，10(2):115-152.

[26] 史忠植. 智能主体及其应用[M]. 北京：科学出版社，2002.

[27] Singh M P. Multi-Agent System: A Theoretical Framework for Intentions, Know-how，and Communications. Berlin: Springer-Verlag KG, 1994.

[28] 陶海军，王亚东. 基于熟人联盟及扩充合同网协议的多智能模型[J].计算机研究与发展，2006，3(7):1155-1160.

[29] 彭超. 基于嵌入式的智能小车的研究和设计[D]. 武汉理工大学，2013.

[30] 杨帆. 数字图像处理与分析[M]. 北京：北京航空航天大学出版社，2015.

华信SPOC官方公众号

欢迎广大院校师生 **免费** 注册应用

www. hxspoc. cn

华信SPOC在线学习平台

专注教学

教学课件
师生实时同步

数百门精品课
数万种教学资源

多种在线工具
轻松翻转课堂

电脑端和手机端（微信）使用

测试、讨论、
投票、弹幕……
互动手段多样

一键引用，快捷开课
自主上传，个性建课

教学数据全记录
专业分析，便捷导出

登录 www. hxspoc. cn 检索 华信SPOC 使用教程 获取更多

华信SPOC宣传片

教学服务QQ群： 1042940196
教学服务电话：010-88254578/010-88254481
教学服务邮箱：hxspoc@phei. com. cn

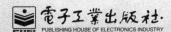

电子工业出版社·
PUBLISHING HOUSE OF ELECTRONICS INDUSTRY

华信教育研究所